新・白神山地——森は蘇るか

セレクテッド・ドキュメンタリー

佐藤昌明 著

緑風出版

新・白神山地——森は蘇るか●目次

第5章　白神は今

はじめに

ブナの森には、やさしさがある。林床《りんしょう》に寝転がり、樹間に差すやわらかい陽光を浴びると、新しい生命の息吹が、体中に吹き込まれてくるようだ。命を育てる母なる森、それがブナの森である。

白神山地との出合いは、一九八三年にさかのぼる。

その年の春、新聞社に入社して初めての出先勤務地として青森市に赴任した。担当させられたのが警察である。駆け出し記者として、火事や交通事故、殺人、汚職と、日々事件を追う生活を送っていた。やがて初めての夏休みを迎えた。事件を追う日々の殺伐とした日常の仕事を忘れ、山にでも行って、一瞬の解放感に浸りたかった。これが白神と出合うそもそものきっかけである。白神岳を選んだのは「シラカミ」という、その言葉の響きに引かれただけだった。でも、その山がどんな山なのか、まるで知らなかった。担当していた青森署の警察官にさえ、「シラカミって、どこの山だ」と言われるほど、当時は無名の山塊であった。

白神岳に登ったのは八月の初めだった。青森市からＪＲ奥羽線、五能線と乗り継ぎ、岩崎村（後、深浦町）から入った。地元の人に「クマが出るぞ」と聞かされ、鈴を付けてシャンシャン鳴らし、山を歩いた。山頂（一二三二メートル）まで、登り四時間、下り二時間。たった一人だったが、平日とはいえ夏休みの時期にもかかわらず、他の登山者には一人も会わなかった。「静かな山だなあ」というのが第一印象だった。

白神岳から下山した翌日、山系北部を横断する旧弘西林道を走り、岩崎村から西目屋村《にしめやむら》に抜けた。六〇キロの林道を車で三時間かけて走ったが、すれ違った車はトラック一、二台だけだった。その間に見た風景は、果てしなく、見渡す限り続くブナの樹海であった。学生時代に探検部に籍を置き、東北の山には数多く親しんだつもりだったが、あれほど広い範囲で森の続く山は、かつて見たこともなく、ただただ驚くばかりだった。

白神岳に登った直後の八月下旬、タイミングを合わせるように、自然保護議員連盟や日本自然保護協会の代表から成る視察団（岩垂寿喜男団長、後、環境庁長官）が現地調査にやってきた。これを機に、白神山地を縦断する青秋林道《せいしゅうりんどう》建設反対運動、ブナ原生林保護運動が本格化して、その行く末が全国から注目されることとなった。

青森市には八三年春から八八年春までの五年間勤務した。青秋林道が凍結に向かって大きく動いたのは八七年秋であり、問題発生から林道凍結に向かうまでの五年間を継続的に取材できたのが、記者として幸運だった。その後、青秋林道は正式に打ち切りとなり、九三年十二月に、白神山地はわが国の世界遺産登録第一号となった。世界遺産になったということは、日本政府が白神山地を人類共通の財産として保全する義務を持つことであり、ブナ原生林の保護を世界に約束したことにほかならない。「白神は守られる。もう心配ない」と思った。

ところがどうだろう、栄えある世界遺産第一号だったはずなのに、世界遺産登録を境に、今度は入山規制の是非をめぐって迷走を始めた。白神をこれからどう守っていくか。自然保護団体は、内部で意見が分かれ、行政も保全の在り方について、しっかりした方向付けができないまま、今に至っている。

白神問題は、なぜこれほど迷走するのか。当初からこの問題の取材に携わった記者として考え得るに、「青秋林道はなぜ止まったのか」という基本的な理解が欠落しているところに原因があるのではないか、と思い至った。これが筆者自身の「仮説」である。

青秋林道は、なぜ止まったのか。理由は、①森林伐採による河川の減水、動植物への影響、それに伴う農林漁業の不振により、地元の青森県鰺ヶ沢《あじがさわ》町の赤石川流域住民が、林道建設に「反対」の強い意思表示をした、②「役にも立たない林道を造っても意味がない」と、青森県知事が林道中止の政治決断をした――以上の二点に集約できる。その経緯、具体的内容は本書で述べるが、地元や全国から一万三二〇二通の異議意見書の署名を集め、青秋林道建設に「待った」をかけた八七年秋には、「白神を守るために、そこに入る人間まで排除しよう」などという意見も発想もなかったはずだ。林道を中止し、世界遺産になった後に起きた入山規制問題、それはそれとして議論は必要かもしれないが、大事なテーマは、もっと別のところにあるのではないか。住民運動を見続けてきた者として、入山規制問題の是非や、管理計画の在り方をめぐる問題ばかりに振り回されて、大切なテーマが、何かはぐらかされているような気がしてならなかった。

青秋林道はなぜ止まったのか。この問題の天王山となった八七年秋の異議意見書の署名運動のころ、全国紙も在京テレビ局も、青秋林道が凍結に向かって大きく方向転換した経緯をきちんと報道したところは、なかった。青秋林道が中止になった具体的な理由や背景を知る人間が、そもそも少ないのである。

青秋林道はなぜ止まったのか。この問題の「原点」が、時間の経過と共に人々の記憶からますます遠ざかっている。一方で公共工事を中止に追い込み、世界遺産にまでなったという事実が、その後の全国の自然保護運動に大きな影響を与えているという実態もある。しかし、それは内容が正確に伝わらないまま、結果だけが独り歩きしている感は否めない。保守風土の強い青森県で、その中でも保守的とされた津軽地方の山村の人々が、日本の自然保護運動史上に残る成果を挙げた。もし部外者の眼から見れば、そのこと自体、不思議に思うはずである。もっと闘いの「中身」が問われてしかるべきではなかったのか。

現地を訪ね、青秋林道を中止に追い込み、世界遺産に道を開いた八七年秋の赤石川流域の住民運動を中心に、白神山地ブナ原生林保護運動の「10年目の検証」を試みた。一連の問題の、理解の一助になれば幸いである（初版序文、一部手直し）。

◇　◇

拙著『白神山地――森は蘇るか』は、初版が出たのが一九九八年春であった。今回、出版元のご好意により新版が出されることになった。時代の推移により、客観情勢が変わった部分もある。その後に判明した事柄もある。新版は、ドキュメントの形式を保ちながらそれらのことも盛り込んだ。また、合併による市町村名が変更されたり、登場人物の肩書きが変わったりしているが、本書では当時のままとし、必要な場合は適宜、かっこ書きで現在名を入れ、補足した。世界遺産（自然）は白神山地、屋久島以後に知床が加わった。今後も増えるだろう。しかし、保存の在り方をめぐって、考え方は一様ではない。どんな問題も、迷いが生じたとき、そもそもの目的は何だったのか、「原点に返る」ことが大事と考える。世界遺産の問題が遡上に上るたびに、「世界遺産第一号の白神の保護運動とは、一体何だったのか」が、語られるに違いない。白神の住民運動の生の記録を残したいと考えた。

初版は四章構成だったが、今回の新版では第五章を加えた。その後のブナ林再生事業や、入山規制問題に対する批判、初版では深く触れなかった筆者自身の考え方、これまでに明らかにされなかった青森県知事の政治決断の真相と背景などについて述べた。

図1　白神山地

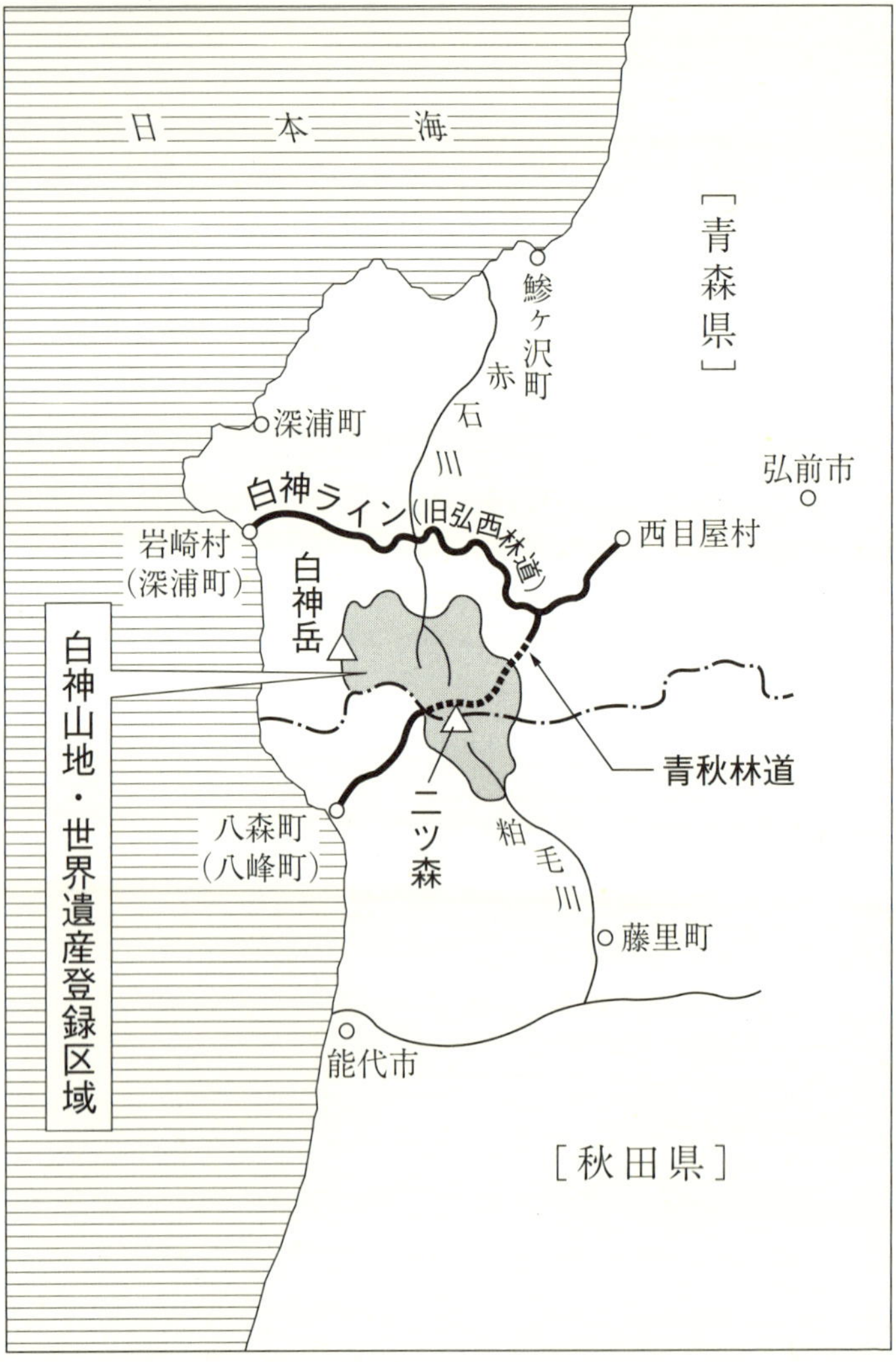

日本海
［青森県］
鯵ヶ沢町
赤石川
深浦町
弘前市
白神ライン（旧弘西林道）
西目屋村
岩崎村（深浦町）
白神岳
白神山地・世界遺産登録区域
青秋林道
二ツ森
八森町（八峰町）
粕毛川
藤里町
能代市
［秋田県］

第1章
マタギの山里

山の神様の祭り

上流に向かうに連れて岩木川の水は所々、白っぽく見えた。里山は濃い緑色に覆われていたが、白神山地の奥山の渓谷にはまだまだ深い雪が残っている。残雪を頂き、芽吹きをすぎ、若葉が大きくなろうとするその時期こそ、ブナの原生林が最も輝きを増す季節だ。

白神のふもと、青森県西目屋村の砂子瀬《すなこせ》地区を訪ねたのは一九九七年の六月十二日だった。弘前市からバスに乗り、一時間余で美山湖《みやまこ》（目屋ダム）に着く。梅雨入りして間もない時期で、バスを降りて空を見上げると、青空の中をいくつかの雨雲が西から東へ流れていた。

六月十二日は、村人が古くから山の神様として祭っている大山祇《おおやまつみ》神社の例大祭が行われる日である。神社の入り口、県道沿いの大鳥居のわきに例大祭の幟が掲げてあった。大山祇神社は、目屋ダムを望む高台の杉林の中にある。鳥居を過ぎ、湖水を背にして石段を上っていくと、やがて神社の境内に出た。

ベンベンベーンッー。

津軽三味線の音色や、ざわついた人々の声が境内に響く。五十畳もあろうか、村人は開放された社殿の中で、車座になって酒を酌み交わしていた。と、突然、ゴロゴロ、雷が鳴り、雨がぱらついてきたが、酒宴はそのまま続く。民謡一座の女性歌手が、津軽じょんから節や津軽甚句《じんく》、最近流行の演歌まで披露し、座はますます盛り上がった。

「みんな集まって酒を飲み、気兼ねなく話ができるのは年に一回、この日だけですから」と、出迎えてくれた工藤光治さんは言う。久しぶりの再会である。筆者が青森に勤務していた時代、白神の渓流やマタギ小屋、そして厳冬の尾太岳《おっぷ》を案内してくれたのが光治さんだった。自宅に泊めていただき、マタギの話を聞かせてもらった。人と自然との共生の在り方、マタギ文化の奥深さを教えてくれたのが光治さんだった。その光治さんも、髪に白いものが増えてきたようだ。

津軽平野を潤す岩木川は、砂子瀬の背後に連なる白神山地最奥の雁森《がんもり》岳に源流を発している。下流の砂子瀬こそ、白神山地を狩り場にした目屋マタギのふるさとである。しかし、その目屋マタギも、光治さんらを残して数少なくなった。

砂子瀬は目屋ダムの湖岸にあるが、元の砂子瀬の集落は、目屋ダム建設（一九六〇年完成）に伴い、湖底に沈んだ。その際、大山祇神社は高台に移転したが、移転のときは村人が総出で神社の引っ越し作業をした。移転前の神社の境内には神楽殿があり、例大祭には若者たちが神楽を披露、女たちは手料理を持ち寄り、村を挙げての祭りを盛り上げた。時代は移り、今は午前中、神官の祝詞奏上とお祓いがあり、昼からは宴会を開くだけになった。民謡一座を弘前から呼び、食事は弘前の仕出し業者が運んでくれる。祭りは、神社の移転前とはすっかり様変わりした。

「昔は子どもたちを、学校を休ませてでも祭りに出した。にぎやかでしたね。血気にはやる若者たちが、境内のあちこちでけんかしていました」と、光治さんは昔を懐かしむ。その日は平日で、子ど

図2　白神のふもと・西目屋村

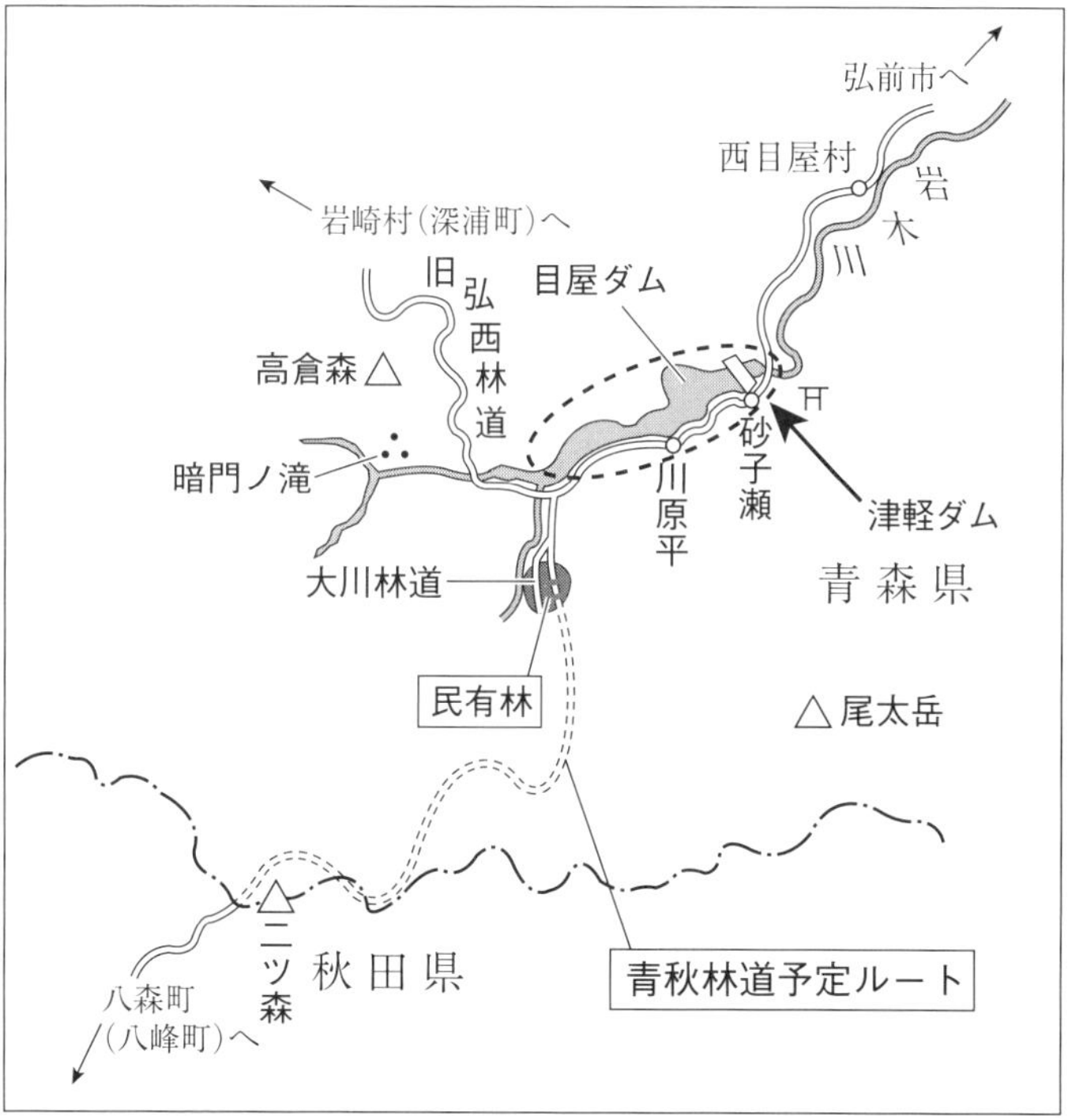

もたちの姿はなく、ほとんどがお年寄りだった。ふだん、外出する機会の少ないお年寄りたちにとって、祭りは貴重なコミュニケーションの場だった。

「昔はここら辺りでは養蚕が盛んだった。六月十二日は繭《まゆ》の仕事が一番忙しいときで、一度、山の神様の祭りの開催日を、後にずらしたことがあった。ところがすぐ、砂子瀬で五軒も六軒も家を焼く大火事があって、祭りの日をもとの六月十二日に戻した。おれが小さいころの話だから、大正時代のころだろうか。その日から祭りの日は変わっていない」

「おれは十八の時からマタギやった。米さえあれば、四十日だって冬の山で暮らした。昔はよく、カモシカ（禁漁前）捕ったもんだ」

「目屋の山（白神山地）の真ん中が櫛石《くしいし》ノ平《たい》で、あそこには立派なブナがたくさんあったもんだが、みんな切っちまった。ブナは『役立たず』なんて言われて、薪や炭にしかならなかったもんだが、今は世界遺産だって言うし、時代が変わればこうも変わるもんか」

お年寄りたちの昔話や自慢話が、社殿の中で続いた。しかし、こうした風景も後数年で見られなくなってしまう。

目屋ダムは、津軽平野の水田に水を供給するために造られた。ダムそのものが戦後の国土復興の象徴とされていた時代であり、住民が疑問を差し挟む余地も空気もなかった。だが、目屋ダムが出来て四十年近い歳月が流れ、時代は変わったはずなのに、砂子瀬では二度目のダム計画が進行している。

二度目のダムは「津軽ダム」と言い、目屋ダムのすぐ下流に重力式コンクリートダムを建設する。目屋ダムをかさ上げ、湖面は四〇メートル上昇、総貯水量は三・七倍になる。洪水調整、水道水、発電に利用される多目的ダムで、事業主は建設省（国交省）。白神のふもとには、砂子瀬と、一つ奥に川原平《かわらたい》の二つの集落があり、計一九五世帯、六四〇人が住んでいるが、津軽ダムが出来れば、全世帯が水没する。本格的な移転交渉が間もなく始まろうとしていた。今度は地区内の移転ではなく、みんな里に下りなくてはならない。村人の生活そのものが、砂子瀬から消えてしまうのである。

大山祇神社の例大祭を襲った雷雨はほんの通り雨で、空は再び晴れ上がった。お年寄りたちはすっかり酔い、上機嫌で二人、三人と社殿の宴席を立って行った。日の長い季節、少しずつ人数は減っていったが、最後はなかなか終わらない。祭りに参加したダム工事事務所の職員二人と、青森県のダム担当職員一人の計三人は、宴の最後まで残り、村人に名刺を配って頭を下げたり、酒をついだりして社殿の中を回っていた。

秘境の山塊

白神山地は、青森県の南西部から秋田県の北西部にかけて広がる広大な山塊だ。西目屋村は、青森県側の東の入り口に当たる。地元の人たちは、白神山地が弘前の西に位置するので「弘西山地《こうせいさんち》」と呼んだり、西目屋村の奥にあるので「目屋の山」と呼んだりした。「白神」の名が地元に定着したのは、青秋林道反対運動や世界遺産になって全国から注目されるようになってから後のことであり、そう古い話ではない。

ここで地図を広げてみよう。白神山地は、西目屋村の背後から日本海側の西海岸にかけて広がる山並み全体を指す。東西と南北、それぞれにおよそ三〇キロの範囲。面積は、青森・秋田両県で合わせて約一三万ヘクタールとなっている。分布する主な市町村を東から西に見ると、次のようになる（かっこ内は平成の大合併後の所属市町村名）。

▼青森県＝相馬村（弘前市）、西目屋村、岩木町（弘前市）、鰺ヶ沢町、深浦町、岩崎村（深浦町）
▼秋田県＝田代町（大館市）、藤里町、二ツ井町（能代市）、峰浜村（八峰町）、八森町《はちもりまち》（八峰町）

山系は東から西に、尾太岳、青鹿岳《あおしかだけ》、雁森岳、二ツ森、向白神岳《むかい》、白神岳などの山々が連なる。最高峰の向白神岳でも一二四三メートルで、全体が六〇〇〜一〇〇〇メートル級の山々。そう高くな

ブナの森が続く白神山地・高倉森の自然観察道。この稜線の右側から世界遺産登録区域になる

いために、稜線から山頂部分までブナの森が分布しているのが特徴だ。森の中に、天然記念物のクマゲラ（日本最大のキツツキ）やクマ、カモシカ、サル、テン、ノウサギ、シノリガモなど数多くの野生動物が生息する。

世界遺産に登録されたのが核心部のブナ原生林帯で、青森県側が一万二六二七ヘクタール、秋田県側が四三四四ヘクタールの合計一万六九七一ヘクタール。世界遺産登録区域は白神全体の一割強にすぎないが、ブナの森はその十倍もの広さで、山系全体を覆っている。

この山のもう一つの特徴は、渓谷美であろう。青森県側では大川（岩木川源流）、赤石川、追良瀬《おいらせ》川、笹内《ささない》川の四つの大きな川が北流し、秋田県側では粕毛《かすげ》川（米代川支流）が南流している。地質は、ほとんど第三紀層から成る。大起伏山地で、それぞれの河川が大量の雪解け水や雨水を集め、その軟らかい地質を削るようにして流れる。大川水系の暗門ノ滝や、赤石川水系のくろくまの滝、アイコガの滝、追良瀬川水系の日暮らしの滝など数多くの滝をつくり、渓谷美を競い合っている。渓流は、イワナの宝庫だ。

白神山地はかつて、マタギの人たちしか入らない、秘境の山塊であった。そう高くなく、山頂まで森の続く山だからこそ、中央のアルピニストたちの興味を引かず、長く登山の対象にならなかった。中央どころか地元の弘前市や青森市でさえ、その存在はあまり知られていなかった。それほどの秘境の山塊であった。

ブナの森が形成されたのはおよそ八〇〇〇〜九〇〇〇年前とされる。縄文時代の人々は、木の実を

津軽の名勝・暗門ノ滝。江戸時代の旅の文人・菅江真澄も訪れた

集め、クマやカモシカを捕り、森の恵みで生きてきた。縄文人の暮らしぶりを今に伝えるのが、マタギたちだ。彼らは縄文人と同様、狩猟や漁労、山菜やキノコの採集のために山に入った。悠久の昔から、生活と密接に結びついた山の歴史を刻んできた。「白神山地とはどんな山か」と問われれば、「マタギの山」と答えるのが、最もふさわしいだろう。

マタギの頭領をシカリと呼ぶ。西目屋村の砂子瀬に、鈴木忠勝という老シカリがいた。既に亡くなったが、筆者が取材に通った当時、八十歳。炉辺で薪ストーブを囲み、山の昔語りを聞かせてくれた。山の話をするとき、忠勝さんは、若い時代を懐かしむように生き生きした口調で話してくれた。

マタギ最大の獲物は、昔からクマである。目屋マタギの狩り場は、大川、赤石川の源流域、周辺の山塊が中心だった。五、六人で一つの組をつくり、積雪期の山に入る。岩場や尾根をぐるりと囲み、クマを追い立て、出てきたところを村田銃で撃つ。これが伝統的な「巻き狩り」のやり方だ。

岩場を追い上げ、銃で仕留めたクマは平場に移す。ここで解体するのだが、解体するにも儀式がある。頭は北向きにして、体全体を仰向けに横たえる。皮をはぐ順序は、左手をはげば次は右脚、右手をはげば次は左脚というふうにX字型にはいでいく。マタギたちは、はいだ皮の端々を持ち、クマの体に打ちつけて、呪文を唱え霊魂を慰める。解体した肉は、みんなで平等に分配する。「クマの胆も、換金して均等に分けるのがしきたりだった。特にシカリが分け前を多く取るようなことはなかった」と忠勝さんは言う。争いごとを起こさない。平等社会が、マタギの社会だった。

山は女人禁制の世界、山の中で女の話はしてはいけない。女の話をすれば、里心がついて、山を下りたくなるからだ。留守を預かる妻は、化粧をしてはいけない。夫が山に入っている間に、浮気を

尾太岳から見る厳冬の白神山地の全景。左奥が秋田県境へ続く山並み

させないためだ。さまざま戒律、タブーをつくり、彼らは縄文の昔から続くマタギの世界を守ってきた。

マタギたちは、さまざまな山の伝説を記憶している。例えばこんな話がある。

▼ジョウトクの神様

マタギの神様が「ジョウトク様」だ。ジョウトク様は砂子瀬の南奥、七崎《ななさき》という所に山小屋を持っていた。七崎は一回ぐるりと回れば、クマでもカモシカでもたくさん捕れた場所だった。ところがある日のこと、七崎を七回まわっても、獲物がさっぱり捕れなかった。

「おかしいなあ、何かあったのかなあ」とジョウトク様は周りを見渡した。するとどうだ、峰の上に自分の妻が立っているではないか。山に入るとき、ジョウトク様は髪を整え、髭をそって身ぎれいにして家を出た。妻は「さては山の中でほかの女ができたのでは?」と疑い、女人禁制の掟を犯して山の中まで追って来たのだった。

「あれまあ、女が来てはここでは猟はできない」。そう思ったジョウトク様は、ヤリを口にくわえ、愛犬二匹を両手に抱えて尾根を越え、沢を越えて白神岳まで飛んでいった。

これが神と化して空を飛んだ「ジョウトクの神様」の伝説である。そのとき越えた沢というのが、大川の源流のジョウトク沢だという。

▼化け物女

ある夜のこと、山小屋に、若くてきれいな娘がやって来た。娘は「今晩だけ泊めて」と何度も頼み込む。シカリは「これはちとクサい。もしかして魔物ではないか」と疑って、断った。だが、娘は

最後のシカリ、鈴木忠勝さん（1987年12月、西目屋村砂子瀬）

しきりに懇願するので、若いマタギたちは「まあ今夜一晩ぐらい、泊めてやってもいいじゃないですか」と言う。シカリはとうとう根負けして、娘を泊めることにした。

みんな寝静まったころだ。見ると娘は、山小屋の真ん中の炉縁《ろぶち》を挟んで、マタギの頭の上をピョンピョン、右に左に飛び跳ねる。シカリは、眠ったふりをしながら、着物のそでの透き間から娘を見ていた。いよいよ娘がシカリの頭の上に来たときだ。隠していたマサカリを振り上げて一息に突き刺した。

「ギャー」

娘は悲鳴を上げて外に飛び出した。正体は、なんと山猫だった。

▼セキド石

白神のほぼ中央に、赤石川がある。その支流の滝川で十一人が大量遭難死するという事件があった。

厳冬の一月、マタギ十二人が山に入った。猟を終え、砂子瀬に帰ろうと、滝川にさしかかったときだ。一人ずつ下りていったが、一番最後のマタギは「おかしいな」と思った。先に川を渡ったはずの仲間が、誰も向こう岸に姿を現さない。仕方がないからその最後のマタギは、川の上流の方に回った。そうしたら大変なこと、先に行ったはずの十一人のマタギが全員、川の中に浮いて死んでいた。地滑りが起きて川を堰止め、湖ができた。その上に新雪が積もり、マタギたちが次々と足を踏み入れたらしい。

以来、マタギたちは「十二」の数字を忌み嫌い、十二人では山に入らなくなった。遭難した十一人の慰霊碑が、砂子瀬の共同墓地入り口に置かれた「セキド石」である。大量遭難死の話をするとき、忠勝さんはとても悲しい顔をした。

彼らは常に、山に対する畏れを抱いていた。人と自然との共存の知恵を、彼らは体験から学び取っていた。それらのことを、マタギの伝承は暗示しているようだ。

マタギは、アイヌの人たちと同様、記録を文字で残さない。みな口伝である。鈴木忠勝さんをはじめ、マタギの昔語りは一体、いつの時代に起きたのかは、まるで分からない。ただ、津軽藩にはクマ猟の記録があるから、目屋の山でマタギが活躍したのは、少なくとも江戸時代まではさかのぼることはできる。

藩境警備にマタギ集団を動員した記録も残っている。津軽藩は、隣国の南部藩と長く対立関係にあった。戦になった場合、白神山地は、陸路で他領に抜けることのできる唯一の脱出路だった。津軽藩は、マタギたちに、山を歩き狩猟をする既得権を認めながら、間道の管理や山の案内人としての役割

砂子瀬の共同墓地入り口にある「セキド石」。マタギの霊を弔う

を重視したのだろう。

藩政時代から明治の時代へ、そして昭和も戦後しばらくまで、津軽地方の最も奥まったこの山域に「開発の手」が入り込んでくることはなかった。

マタギしか歩かない秘境の山塊、その静寂を破ったのが、青秋林道建設計画であった。

マタギ小屋で

山の昔語りを聞かせてくれたのが、前述した西目屋村砂子瀬に住む老シカリ、鈴木忠勝さんだった。そして、実際に山を案内してくれたのが、冒頭の「山の神様の祭り」で筆者を出迎えてくれた工藤光治さんである。光治さんは、砂子瀬で一番若いマタギだった。

光治さんの案内で、ジョウトク様の伝説が残る大川源流域を遡行した。タカヘグリの峡谷を越え、カチズミ沢まで行った。最後は沢のどん詰まり、雁森岳の直下で、大崩壊地が広がっていた。

二人で厳冬の尾太岳にも登った。新雪を踏み分け、手も足も凍てつく寒さ。ついて行くのがやっとだった。頂上に立つと、北に岩木山、その背景に津軽平野が広がっていた。西に目を転じれば白神岳、南に秋田県側の山々が連なる。真っ白い水墨画のような銀世界が眼下に広がっていた。そこが鈴木忠勝さんが聞かせてくれたマタギ物語の舞台であった。

あれから十年が過ぎた。マタギしか入らない秘境の山塊だったのに、世界遺産になった白神は今や、全国の山愛好家のあこがれの的である。

光治さんは、山を見に来る人たちを、よく案内している。自分で新しいマタギ小屋も建てた。お祭りの日に再会した翌日、そのマタギ小屋を案内してもらった。西目屋村の大川沿い、建設途中で中断した青秋林道の終点近くに、その小屋はあるという。

ブナ原生林保護か開発かをめぐって全国から注目を浴びた青秋林道は、結局は中止に追い込まれた。その青秋林道の青森県側入り口には今、「世界遺産・白神山地玄関口」の文字と、クマゲラのイラストが描かれた看板が立っている。看板を横目に青秋林道に入り、砂利道を上って行く。青秋林道は、青森県側は三・九キロで止まったが、終点の少し手前から、別の林道が造られた。これが、青秋林道の代わりに、青森県が砂子瀬の住民のために建設した「大川林道」である。全長七〇〇メートル。マタギ小屋は、大川林道から入ってすぐの森の中にあった。

高さ三メートル、間口四メートル、奥行き五メートルで、十五人は泊まれる広さだ。光治さんがかつて山を案内した人たちが手伝いに駆けつけ、総勢三〇人で、二日間で仕上げた。道具はノコギリと斧だけ、材料は大川林道を造るときに伐採されたサワグルミを使った。山登りや冬場のウサギ狩りの基地に使ったり、山の仲間と酒を飲む場所に使ったりしている。ここで結婚披露宴を開いたカップルもあるという。

「津軽ダムが出来れば、砂子瀬は沈んでしまう。みんな年寄りだから、里に下りたり、弘前に出たりするでしょうが、おれは山が好きだから、ここにいたい。娘二人は独り立ちした。山を見に来る人たちを案内して、山の人生を、最後まで生き抜きたい」と、光治さんは言う。

青秋林道とは、地元の人たちにとって何だったのか、まず、そこから考えなければならない。実

大川の工藤光治さんのマタギ小屋

は、砂子瀬の人たちの人生まで振り回してきた目屋ダムと、光治さんのマタギ小屋に通じる大川林道――このダムと林道が青秋林道の問題に密接にかかわっている。そもそもの問題の発祥からたどってみよう。

一九六〇年より以前、目屋ダム建設に伴い、砂子瀬の集落は湖底に沈む。住民はダムの湖岸に移転させられた。その際に、水没による代替補償の一つに、国有林伐採地の払い下げがあった。その場所が目屋ダムの上流にある大川沿いの山林で、四〇世帯が四〇ヘクタールの国有林伐採地の払い下げを受けた。払い下げを受けた代替え地は、はじめは裸山だったが、やがてナラやクヌギの雑木に育った。田畑は湖底に沈み、耕作地の多くを失った住民は、その代替え地を利用して生活の足しにしようと考えた。しかし「道がなければ、代替え地の利用もできない」。そこで林道建設期成同盟会をつくり、西目屋村役場と青森県庁に林道開設を陳情した。これが大川林道である。後の青秋林道の〝原型〟となった。

光治さんも水没移転の際、二ヘクタールの国有林の払い下げを受けた。マタギ小屋を建てた場所がそこである。だが、「私たちは、代替え地までの大川林道を造ってほしいと言っただけです。いつの間にか秋田県側まで延びて、青秋林道になってしまった」と言う。

大川林道から先は岩木川の源流域で、広大なブナ原生林が広がっている。女人禁制のマタギの狩り場であり、一般の村人さえ簡単に入れる山ではなかった。まして、山向こうの秋田県側との経済交流など砂子瀬の住民の念頭にはなく、「秋田側と結んでほしい」と陳情したことなど一度もなかった。

住民は大川林道の開設を西目屋村や青森県に何度も陳情したが、なかなか実現しなかった。そうこうしているうちに、その大川林道が「青秋林道」に変わる計画が、秋田県側から持ち込まれたのである。

三上昭一郎・西目屋村長は、議会で次のように答弁している。

「秋田県の八森町長（後藤茂司氏）と弘前で会いました。このとき話になったのは、昨年、村でやった大川林道について、営林局（森林管理局）では八森町と連帯したいので御協力願いたいということでした。岩崎村、鰺ヶ沢町とも話し合ったとのことでした」（七八年三月）

秋田県の八森町長の後藤氏は元町役場職員で、町長一期目。役場職員時代から「弘前へ基幹道路を通す」のを夢に描き、町長選で公約の第一に青秋林道の建設を掲げた。公約を実現すべく西目屋村長に会い、周辺の町村へもあいさつ方々、根回しに歩いたのだった。

尾太岳の山頂に続く稜線で、クマの足跡を見つけた工藤光治さん（1987年12月）

七八年十二月議会で、三上村長はこう説明した。

「十二月六日、県境八森町に通じる林道の組織会がございました。満場一致で八森町長が会長になりました」

「青秋林道促進期成同盟会」が秋田県八森町で正式発足したのが、その十二月六日だった。砂子瀬の住民が要望した大川林道は、ここで工事費の大半を国の補助で賄う広域基幹林道の「青秋林道」に吸収されてしまったのである。青秋林道の建設は終始、秋田県側のペースで進められた。

それでは八森町の林道建設の目的は何だったのか、後藤町長は、議会で次のように答弁している。

「期待される森林資源は次の通り。利用区域は秋田側が一六六七ヘクタールで蓄積量は二三万立方メートル。青森側は秋田側の二倍の三五八九ヘクタールで、蓄積量は三八万立方メートル。これらの資源は、青森は青森営林局、秋田は秋田営林局管内ですが、資源の伐採、搬出につきましては、青森側の木材であっても秋田に近いとすれば、その資源はこちらの方へ持ってくることができる。状況によって利用できることを御理解いただきたい」（八二年三月、八森町議会議事録より）

白神山地の青森・秋田県境の現地を見れば一目で分かるが、青森県側が広大なブナ原生林を保っているのに対し、八森町側はみな木を切ってしまって裸山の状態だ。後藤町長の議会の説明でも分かるように、八森町側は、はじめから県境を越えて青森側の森林資源を狙っていたことをうかがわせる。これが青森側の激しい反発を招くのだが、もっとも、それに気付くのはずっと後のことである。

八森町の根回しが功を奏し、計画がスタートした。

青秋林道促進期成同盟会の設立総会が七八年十二月六日、八森町のホテルで開かれ、関係者約百二十人が出席して、前途を祝った。期成同盟会の会長は秋田県選出の野呂田芳成参院議員（自民党）、顧問に秋田県選出の石田博英氏と青森県選出の田沢吉郎氏の二人の自民党大物国会議員が就任した。副会長に秋田県側が八森町、青森県側は西目屋村、岩崎村、鰺ヶ沢町の各首長が名前を連ねた。

西目屋村の三上村長は期成同盟会の設立総会の後、地元に帰り、議会で「八森町長が会長になりました」と報告しているが、実際の会長は野呂田芳成氏だった。しかし、図らずも三上村長が議会で報告したように、期成同盟会の中心人物は終始、八森町長の後藤茂司氏だった。

期成同盟会の目的は「西目屋村、鰺ヶ沢町、岩崎村並びに八森町を結ぶ奥地開発道路を開発し、青森県と秋田県の経済文化交流を円滑にし、地域の振興に寄与する」とされた。こうして、秋田、青森

雪氷に覆われた西目屋村の目屋ダム。右岸に砂子瀬の集落が見える（1987年12月）

両県を事業主体とする青秋林道の建設計画が、具体化に向かって動き出した。

八一年四月に路線採択。秋田県側の八森町から県境の二ツ森を経て、東に藤里町の奥地を横断、雁森岳を越えて青森県側の西目屋村に抜ける青秋林道のルートが決まった。翌八二年四月、林野庁が実施計画を承認、この年の八月に秋田工区（八森町）、青森工区（西目屋村）の工事がそれぞれ着工した。先に述べた大川林道は、この西目屋村のルートの一部に組み込まれた。

青秋林道は幅員四メートルの道路で、総延長二八・一キロ、総事業費は二十八億円（後にルートが一部変更され、総延長二九・六キロ、総事業費三十一億円となる）。広域基幹林道の工事負担割合は、林野庁が六五パーセント、県二四パーセント、営林局一〇・八パーセント、地元自治体〇・二パーセントで、大半が国と県の補助で行われる。工事は両工区で合わせて年間一キロ余りのペースで進み、全体が完成するまで二、三十年かかると言われた。

人口二四〇〇人余りの西目屋村をはじめ、周辺町村は、いずこも過疎化に悩まされていた。補助率が高く、長期間工事が続く公共事業は、大きな魅力だった。

しかし、表向きに掲げた目的とは裏腹に、本当の青秋林道の建設目的は、もともと青森県側と秋田県側では別ものだった。代替え地までの林道を要望していた西目屋村と、青森側の森林資源を狙っていた八森町。同床異夢とはこのことだろう。それが、国の補助率が高いという理由で、「広域基幹林道」の名で地図の上に一本の線が結ばれた。しかし、目的が違うのに、一本の道路を建設しようとしたところに、そもそもの無理がある。結果的に、この双方の「思惑の食い違い」こそ、青秋林道を中

初めて白神山地に入ったときに撮影。旧弘西林道の道端には、伐採したブナの丸太があちこちに置かれていた（1983年８月）

止に追い込む最大の要因になった。

青秋林道の問題を考える場合、「青森」と「秋田」を、きちんと区別して考える必要がある。広大な白神山地が、両県を歴史的に分断してきたと言えなくもないが、「青森」と「秋田」は、決して連続していない。不連続である。たとえば、東京あたりから見れば、青森県も秋田県も同じ東北の北部にあり、お隣同士で似たような県だと見えるかもしれない。しかし、実際は、青森県と秋田県は気候、風土から、人間の物の考え方まで、まるで違う。青秋林道建設の問題、その後の世界遺産登録、そして管理計画と、事ごとに思惑のずれが、浮き彫りになった。もともと不連続な二つのものを、無理に一つにしようとするところからすべての問題が発生している。この不連続性は、青秋林道の構想の段階から内包していたのである。


ここで舞台を再び、大川林道の工藤光治さんのマタギ小屋に戻そう。

青秋林道の計画が西目屋村内に知らされたとき、光治さんは初めから疑問を持った。

「ルートを考えた人は、山の現場を見たことがあるのだろうか、と思った。山は険しくて、工事が行われればたちまち土砂崩れが起きてしまう」

青秋林道の問題がクローズアップされると、西目屋村を訪れるマスコミ関係者が増え、意見を求められた光治さんは「青秋林道には反対」の発言を繰り返した。あるいはシンポジウムでパネリストとして登壇、林道計画が、いかに不合理であるかを訴えた。少年時代から目屋の山を歩き、熟知していたからこその行動だった。

青秋林道の青森工区入り口（西目屋村）。工事が行われていたころ、この看板が設置されていた

「村で表立って反対したのは、おれと茂樹の二人ぐらいだったなあ」と振り返る。茂樹さんとは、光治さんの長兄のマタギの工藤成元さん（故人）の長男、つまり甥《おい》であり、同じ砂子瀬に住んでいる。二人とも営林署の下請けの仕事をしていた。役場サイドからの“圧力”も陰に陽に受けた。小さな、閉じ込められた村社会の中で、行政の進める事業に「反対」の意思を表明するのは、大変に勇気のいることである。しかし、光治さんは最後まで「反対」の姿勢を変えなかった。

砂子瀬には、家族が役場に勤めていたり、営林署の下請けの仕事をしたり、建設会社に勤めている人がたくさんいた。そのために正面切って「反対」を唱える人は光治さんら一部の人に限られていた。しかし、表向き「反対」の意思表示はしなくても、「賛成しない」人はたくさんいたという。

「みんな旧弘西林道の経験を知っていたからです。立派な林道ができても、結果は、伐採したブナを運ぶために使われただけでした。それに、よそ者が入ってきて山菜をごっそり持って行くばかり。いいことは何もありませんでした」

旧弘西林道は、白神山地の北部を東西に横断する林道で、一九七三年に開通した。西目屋村から入り、幾重もの山を越え、峠を上り下りして赤石川、追良瀬川、笹内川を横切り、西海岸の岩崎村に出る。全長六〇・五キロで、十一年の歳月と一〇億円の工事費を投じて建設した。完成当時、全国二番目の規模を誇る林道で、新聞は「ついに、幻の林道が現実のものとなった」と報じた。光治さんの父親の工藤作太郎さん(故人)もまたマタギであり、山を熟知した人物だった。事業の調査段階から担当者を山に案内したのが、その作太郎さんだった。林道建設に、村を挙げて協力した。村の発展にその林道が大いに寄与するであろうことを、誰も疑わなかった。

しかし、結果は惨憺たるものだった。林道周辺のブナは次々と伐採され、トラックに積まれ、町場の木材工場に運ばれた。林道からさらに奥山に枝線が延び、伐採地が虫食いのように白神山系に広がった。マナーの悪い山菜採りがたくさん山に入った。村人はその様子をよく見ていた。目屋の山は、ゼンマイ、ワラビ、タケノコ、コゴミ、ヤマブドウ、オニグルミと、山菜や木の実の宝庫だった。日本が経済成長を遂げる前の時代、それだけで生計を立てることもできたほどだった。時代は変化したが、山の恵みは、村人にとっては重要な生活収入源であることに変わりはなかった。光治さんが青秋林道に反対したのは「林道ができれば、自分たちの狩り場が荒らされる」「林道ができても、何のメリットもない」ことが、旧弘西林道の体験で、初めから分かっていたからだ。

旧弘西林道はその後、県道に昇格して今は「白神ライン」の通称で呼ばれる。一部舗装工事も行われた。山菜採りの人たちや、「世界遺産の白神のブナを見たい」と全国からやってきた人たちが、その道路を利用している。ブナ伐採の道路だったが、今はすっかり観光道路に変身してしまったようである。しかし、それが地元にどれほどの恩恵をもたらしているのかは、疑問である。

「私たちは昔から、何の変わりもなく自然の生態系を守り、山と付き合ってきました。目屋の山を、昔の名もない山に戻してほしい。きちんとした管理計画をつくらないうちに世界遺産を受け入れてしまったところに、今の問題があるのです」

山に生きる最後のマタギ、工藤光治さんの訴えは悲痛でさえあった。

第2章

青秋林道は、なぜ止まったのか

仕掛け人

登山家で著述業の根深誠さんの自宅は、弘前市の南部郊外にある。庭の真ん中に三メートルにも育ったブナの若木があった。

「青秋林道反対運動の異議意見書の署名集めをした年の翌年の夏だったろうか。種から実を出したばかりのブナの実生《みしょう》を持ってきて植えた。十年足らずで結構、育つ。ブナの実生は虫に食われてほとんど死んでしまうから、生き残るのはよほど運のいいやつだ。講演を頼まれたとき、『ブナの実生を、身近な所に植えてみてください。四季の変化を楽しめるし、緑も増えます』と、よく話すんですよ」

青秋林道建設の反対運動を組織し、草創期から一貫して青森県側の中心にいた人物が根深さんである。白神山地をはじめ、ヒマラヤ、チベット関係の本を多数出版している。生まれは一九四七年二月。今ではすっかり著名人になったが、白神が全く無名の山であったのと同様、反対運動を始めたころの根深さんもまた、無名の一青年にすぎなかった。

根深さんは、弘前高校時代、岩木山に百回ほども登った。山頂に立つと、南の秋田県境の方角に、そう高くはないが、峰を連ねる白神の山々が見えた。

「一体、どんな山なんだろう」

山の仲間二人を誘い、計三人で白神山地の横断に挑戦したのは一九六三年の夏、高校三年生の時だった。

それこそ当時の白神山地は、マタギ以外に地元の人も入らない秘境の山塊であった。三人は五万分の一の地図だけを頼りに、西目屋村の川原平から入り、暗門ノ滝を登り、赤石川や追良瀬川を越え、沢を詰めて、西端の白神岳山頂を目指した。マタギ道のあることなど当時は知る由もなく、時間ばかりかかった。イワナを手づかみで捕まえて、焼いて食べた。クマにも遭った。若さに任せた山登りだった。その山は、いくら歩いても山のてっぺんまで木がある。森林限界がないのに気がついた。「ひでぇヤブ山だなあと思った」のが白神の第一印象。白神岳にたどり着くまで一週間かかった。

「あのころは、ブナの森の魅力も意味も分からなかった」と根深さんは回想する。

明治大学に進学して山岳部に入った。厳しいしごきで知られる明大山岳部で耐え、エベレスト遠征にも参加した。OBの植村直己氏の指導も受けた。植村さんはアラスカのマッキンリーで遭難するが、このとき根深さんも捜索隊に加わっている。「ヒマラヤに行け」――学生時代、合宿に参加したときの植村さんの言葉が忘れられなかった。

大学を卒業して、数年して弘前に戻った。しかし、頭にあるのはヒマラヤのことばかり。「今さらここに、鍛え上げた自分の力を試す山などあるはずがない」と思った。悶々として日々の時間を過ごし、一年ぐらいは山に行かなかった。が、やがて昔の山仲間に誘われ、渓流釣りを始めた。白神に〝再会〟したのはそのときからで、大川、赤石川、追良瀬川を釣り歩いた。イワナを焼き、山菜料理を作って食べ、テントの中で酒を飲みながら仲間と語り合う。厳しい山登りばかり頭にあったが、

赤石川水系、くろくまの滝の前に立つ根深誠さん（1997年7月）

「こんな山の味わい方もあるのか」と気付いた。

釣り仲間と歩くうちに、マタギの存在を聞かされた。山を知り尽くしているのは西目屋村のマタギたちだという。白神のフィールドを知りたくて訪ねたのが、第一章で紹介した鈴木忠勝さんや工藤成元さんだ。最後のシカリ、鈴木忠勝さんはそのころ、足を悪くして弘前市内の病院に入院していた。お見舞い方々、何度も足を運び、マタギの話を聞いた。忠勝さんは山登りの技術、マタギの昔語りをたくさん知っていた。カモシカと一対一で格闘した武勇伝や、山小屋で寝ている間に人食い女が出たという化け物の話もあった。山の伝承、昔語りを聞くのが楽しかった。もう一人のマタギ、工藤成元さんはそのころ、まだ現役で山を歩いていた。根深さんは成元さんと何度も泊まりがけで山を歩き、マタギの伝統技術を直伝された。こうして若い根深さんは、二人のマタギから目屋の山々の知識をどんどん吸収していったのである。

そんなときだ。青秋林道開設促進期成同盟会が発足（七八年十二月）する少し前、高校三年の夏に一緒に白神山地を横断し、その後、青森県庁に入り、自然保護課にいた山仲間が、青秋林道建設計画の情報を知らせてくれた。

その山仲間が言うに「西目屋村から秋田県側に抜ける林道を造るというのだが、青森県側はどうも乗り気でない。反対運動をしてみてはどうか」と言う。「反対運動……」と言われても、そういうものとは無縁の世界に生きてきた根深さんは戸惑うばかりで、何をどうすればいいのか分からなかった。山仲間はさらに「弘前大学の奈良典明教授なら県庁に顔が利く」とアドバイスしてくれた。ずっと昔、小学生のころ、「みちのく生物同好会」主催の野鳥観察会に参加したことがある。あのときの指導者が確か、弘前大学にいた若い奈良先生だった。根深さんはさっそく弘前大学に奈良教授を訪ね、反対運動にどう取り組めばいいのか相談した。

青秋林道建設計画を聞いたとき、根深さんには明確な反対理由というものはなかった。「水資源の危機」や「住民運動への取り組み」は、闘いを体験する中で知ったのであって、初めから大上段に「自然保護」を振りかぶったわけではない。高校時代、山仲間と白神を歩き、白神の山々を肌で感じたこと。大学を卒業して弘前にＵターン、昔の仲間と釣りをしながら渓流を歩いたこと。青秋林道の話が出たとき、頭を去来したのはそれらを通して、「自分たちがフィールドにしていた山が破壊される。自然がなくなってしまうんではないか」という漠然とした不安感であった。

そうして根深さんは、自然保護運動のイロハも知らない手探りの状態から、反対運動に取りかかり始めた。

連絡協議会の結成

青秋林道の反対運動にどう取り組めばいいのか、根深さんは弘前大学の奈良典明教授を訪ねた。奈良教授は「青森県自然保護の会」の会長を務めていた。奈良教授は、さっそくその計画があるのかどうかを確かめるために、西目屋村役場に問い合わせてくれた。役場からの返事は「その林道は、まだ話だけ。構想の段階です」とのことだった。その時は、それで終わりだった。

それから四年ほど経過した八二年七月、突然、「青秋林道、来月着工決まる」の新聞報道がなされた。これを見た根深さんは驚いた。

林野庁が青秋林道の実施計画を承認したのが八二年四月で、秋田、青森両県が工事に着工したのが同年八月だった。工事着工を前に、両県の自然保護団体が具体的に動き出した。

秋田県側は八二年五月、「秋田自然を守る友の会」が、青秋林道建設中止の要望書を秋田県庁に提出した。「友の会」会長の鎌田孝一氏は、林道予定ルート下流の藤里町に住み、写真店を開いていた人物で、それ以前から熱心に自然保護運動に取り組んでいた。鎌田氏は、①林道開設によりブナ天然林が分断され、動植物への影響が懸念される、②林道が出来れば枝線も造られ、原生林の伐採がさらに進む、③林道工事が行われれば、藤里町を流れる粕毛《かすげ》川の源流域が傷つけられる。「水源かん養機能が失われ、流域住民にも影響が出る」――などを理由に計画中止を訴えた。

青森県側では、「青秋林道、来月着工」の新聞報道を見た根深さんが再び奈良教授を訪ね、相談した。そして八二年七月、奈良教授が会長をしている「青森県自然保護の会」と「日本野鳥の会弘前支部」（小山信行支部長）の連名で、青秋林道建設中止を求める要望書を青森県庁に提出した。こうして両県の自然保護団体は、時期をほぼ同じくして、別々に「青秋林道建設反対」ののろしを上げたのだった。

青森県自然保護の会と日本野鳥の会弘前支部が連名で青森県に提出した要望書は、主に奈良教授が書き、根深さんや野鳥の会の人たちの意見をすり合わせたものだった。反対意見を次のように列挙している。

一、青秋林道建設予定地の白神山地は急傾斜地や断層が多く、建設地として不適である。しかも自然崩壊の多発地帯で、土石流の発生する河川が多い。林道工事の困難さが予想され、たとえ完成しても、その後の維持管理や事故防止対策が極めて難しい。

二、白神のブナ原生林は、世界的視点からも極めて高い学術的価値を持っている。林道工事によって山が破壊され、林道完成後は広い範囲に渡って天然林の伐採が進み、生物相に大きな影響を与える。破壊や汚染が進めば、その復元は事実上、不可能になる。クマゲラやイヌワシ、クマ、テンなど野生生物の宝庫だが、林道が建設されればそれらの野生生物の生息に大きな影響が及ぶ。

三、林道建設予定地は青森県内でも有数の多雪地帯で、冬期間の利用は全く不可能である。これは既設の旧弘西林道を見れば明らかだ。雪崩や土砂の崩壊により利用ができない期間を考慮すれば、経済交流の円滑化と地域の振興という林道建設の目的は実現できない。

四、林道建設計画の策定に際して環境アセスメントが実施されていない。計画策定の資料にしたと思われる調査報告書は、内容が極めて不十分である。

（以上、要約）

だが、要望書を提出しただけで、公共事業が中止になるはずはなかった。県が進める事業を止めるには、弘前の人たちの力だけではどうにもならない。奈良教授や根深さん、野鳥の会の人たちは、青森県全県の自然保護団体の力を結集して青秋林道を中止に追い込もうと、組織化に動いた。

要望書を提出した翌年の八三年四月、青森市で「白神山系のブナと渓流を考える集い」を開催した。呼び掛けに応じて青森県内各地から一〇の自然保護、山岳団体が参加、奈良教授を初代会長に「青秋林道に反対する連絡協議会」が結成された。

連絡協議会に参加したのは、以下の一〇団体だった（団体名、代表者、事務局の所在地の順。敬称略）。

①　青森県自然保護の会（奈良典明、弘前大学内）
②　白神山地の自然を守る会（根深誠、弘前市）
③　日本野鳥の会弘前支部（小山信行、弘前市）
④　日本野鳥の会青森県支部（三上士郎、むつ市）
⑤　青森の自然を守る連絡会議（棟方清隆、むつ市）

⑥　津軽昆虫同好会（工藤忠、板柳町）
⑦　弘前勤労者山岳会（工藤豊、田舎館村《いなかだてむら》）
⑧　青森県勤労者山岳連盟（小田島徳治、青森市）
⑨　青森県山岳連盟（古川博、むつ市）
⑩　グループ・ド・モモンガ（三上希次、弘前市）

こうして青森県内の自然保護団体が団結し、青秋林道建設の反対運動に取り組む体制が整えられていった。

連絡協議会の結成以前、根深さんは弘前大学で日本植物生態学会が開かれたとき、日本自然保護協会の沼田真会長が出席しているのを知った。沼田会長は、かつて千葉大学の教壇に立っており、教え子の一人に弘前市内に住む会社社長の町田泰助さんがいた。その仲介で沼田会長に会った。場所は弘前市内の料亭で、町田さんも同席。根深さんは沼田会長に、白神山地の自然の素晴らしさを語り、天然記念物のクマゲラが生息しているのを伝え、林道計画の無謀さを訴えた。

「赤石川で釣った尺イワナを手みやげに持って行った。オーブンに入らないほど大きくて三つに切って焼いてもらった。沼田さんは『赤石川のイワナは実にうまい』と言い、大変に喜んでもらった。その後、会うたびにあのときのイワナの話をされるんですよ」と言う。

ヒマラヤ遠征を経験した人脈から、日本山岳会の自然保護委員会にも働き掛けた。白神の写真を持っている者もいなかったので自分で撮った写真でアルバムを作り、これらの関係団体に送った。アルバムのタイトルは「白神山地の自然」で、キャビネ版で流域ごとにまとめた六十数点のカラー、白黒写真を収め、概念図を添えた。それから弘前大学の一室を借りて、仲間を集めて自然公園法から勉強会を始めた。秋田県側の自然保護団体とも共闘関係を確認した。青秋林道に反対する連絡協議会発足にこぎ着けるまで、こうした舞台裏の根回しや下準備に取り組んだ。

岩垂寿喜男氏を団長とする自然保護議員連盟、日本自然保護協会、日本山岳会、日本野鳥の会などの代表から成る白神山地視察団が現地を訪れたのは、青秋林道に反対する連絡協議会が発足して四カ月後の八三年八月二十六日のことだった。

在京報道機関の人たちを含め二十数人、二十五日に青森市入りし、青森県庁と青森営林局に林道計画の見直しを申し入れ、その夜は弘前市郊外のホテルに宿泊した。翌二十六日は早朝、ホテルを出発して西目屋村役場を訪れ、三上昭一郎村長に同様の申し入れを行った。

一行はこの後、マイクロバスに乗って旧弘西林道を西へ走った。途中から奥赤石川林道に入り、バスを止めたのは山系中央部の櫛石ノ平周辺の伐採地の前だった。櫛石ノ平は緩やかな緩斜面が広がる地域で、斜面が緩やかなだけ伐採がしやすい。一帯のブナは見る影もなく切られ、所々に切られたブナの丸太が、まるで死体のように転がっていた。ここを案内したのが西目屋村のマタギ、工藤成元さんだった。根深さんの仲介で、視察団一行の案内人を買って出てくれたのである。

「櫛石ノ平のここら辺りが、ブナが一番、豊富な場所だった。クマやタヌキやウサギが、たくさんいた。（腕で輪をつくって）こんなに大きなブナの大木もあった。ブナを伐採するから木の実がなくなって、獣が里に下りる。だから田畑に害が出るんだ。昔のままの自然を残してほしい」と、成元さんは岩垂団長ら視察団に訴えた。

一行はその後、西海岸の岩崎村に出てから南下、秋田県に入り八森町の現地を視察、さらに秋田県庁、秋田営林局を訪ね計画見直しを申し入れた。自然保護議員連盟の現地視察の様子は、青森、秋田の両県内に報道された。十月には、赤石川流域のブナ林でクマゲラの生息が確認された。中央では自然保護協会が関係団体に働き掛け、国会では岩垂氏がこの問題を取り上げた。こうして、青秋林道に対する関心は、「東北版」から「全国版」へと広がっていった。

保護運動の前半のエポックになったのが、八五年六月に日本自然保護協会主催で、秋田市を会場に開かれた「ブナ・シンポジウム」であろう。全国から六〇〇人が参加した。「日本の深層文化は縄文文化にある」と説く哲学者の梅原猛氏、ブナ帯文化論を提唱する市川健夫氏、環境考古学の安田憲喜氏ら気鋭の学者や、各地で保護運動に取り組むリーダーたちが演壇に立った。林野庁からも職員がシンポジウムに参加、ブナ林の現状と保護の在り方、文化論など多方面から論じ、大きな反響を呼んだ。著名なジャーナリストも多数取材に訪れ、全国にニュースを発信した。青秋林道の問題を抱える一方の地元の秋田での開催の意味もあり、このブナ・シンポジウムの成功が、その後のブナ原生林保護運動を盛り上げる大きな弾みになったのは間違いない。

国土保全、水資源確保の視点から、あるいは縄文時代から動植物をはぐくみ、人間に恵みを与え続けてきた文化論の視点から、ブナ林の大切さが国民の間に少しずつ浸透していった。林道反対運動もブナ・シンポジウムの精神を引き継ぎ、過激な行動に出るのではなく、写真展や集い、ブナ観察会を開くなどして、一般市民に対する啓蒙運動中心の取り組みを展開した。

しかし、行政側は一貫して「推進」の姿勢を崩さなかった。どんなに林道反対をアピールしても、表面的な推移を見れば、現状は何も変わらない。連絡協議会の会員たちの間には、無力感が漂うばかりだった。ところが、青秋林道を中止に追い込む「要因」がつくられたのは、まさにこの時期だった。

秋田市で開催されたブナ・シンポジウムが保護運動の弾みになったころ、行政側は水面下で、同時進行的に独自に動いていた。ブナ・シンポジウムでの主役は、ある意味では地元の秋田県藤里町で反対運動に取り組んでいた鎌田孝一氏であった。鎌田氏はブナ・シンポジウムで開かれたパネルディスカッションに登壇し、林野庁代表者を相手に厳しく林野行政を批判した。青秋林道の秋田工区は、八森町からスタートした後、鎌田氏の住む藤里町の粕毛川の源流部に入る予定になっていた。ところが秋田県庁林務部は、ブナ・シンポジウム開催時期の前後に、鎌田氏の批判を避けるかのように、藤里町に入る予定の青秋林道・秋田工区のルートを変更して、青森県側の鰺ヶ沢町の赤石川源流域へ付け替えたのだった。これが後に、付け替えルートの下流に住む鰺ヶ沢町の赤石川流域住民が激しく反発する原因をつくり、林道中止の『決定打』になった。このルート変更については、稿を改めて詳述する。

一方、そのころ、青森県側の青秋林道に反対する連絡協議会の人たちは秋田県側の事情など知る由もなく、ただただ時間ばかりが過ぎていくのを耐えるほかなかった。

根深さんの自宅の窓が空気銃で撃たれ、ガラスが割られた。勤め先の会社にも外部の人間から「国や県がやる仕事を邪魔する男を、なんで雇っているんだ」と〝圧力〟がかかった。幼い男の子二人を抱え、根深さんは三年間勤めていた会社をクビになった。失意のうちに白神の山に三日間籠ったが、気力も体力も戻らない。心身症になり、しばらく弘前大学病院に通う日々が続いた。

八七年四月、青秋林道に反対する連絡協議会の会長ポストが、奈良典明・弘前大学教授から三上希《まれ》次《つぐ》さんへバトンタッチされた。根深さんが弘前高校三年生のとき、山仲間二人と初めて白神を横断したことは先に述べた。そのうちの一人が当時弘前高校山岳部二年生だった原田直英さんで、後に青森県庁に入り、青秋林道の問題で行政側のポイントポイントの情報を秘密裏に根深さんに伝え続けた人物だった。もう一人の山仲間が、二代目会長を引き受けた希次さんである。根深さんと白神を横断したのは二十歳のころで、山行のリーダーを務めた。希次さんは地元の東奥義塾高校を卒業した後、市内で会社勤めをしていた。三人は弘前の気の合う山仲間だった。

それから二十年以上過ぎた。希次さんは職を転々とするが、林道問題が浮上したころは、アウトドア店「ロッキー」を開いていた。店は弘南鉄道の中央弘前駅の向かいにあり、店と駅の間を土淵川が流れていた。店が市街地の中心部にあるという立地の良さもあって、連絡協議会の会員は、「ロッキー」をたまり場にして反対運動の作戦を練った。

希次さんが会長になったこの年、工事は進み、いよいよ青秋林道が青森県側の原生林の核心部に突入する段階に入った。雪解け後の春から、推進の姿勢を変えない行政側と自然保護団体との間で激しいつばぜり合いが続いていた。

「多くの犠牲を払って取り組んできたが、林道工事をどうやって止められるか、誰も分からなかった。先が見えず、みんな暗く、会合を開いても発言する者は少なかった。どんなに努力しても報われないだろうか。原生林に向けられた林道工事のルートは、まるで、のど元に突き付けられた匕首のように私たちには感じられた」

根深さんは当時の連絡協議会の会員の気持ちを代弁して、こう話す。

しかし、行政側も自然保護団体の反発を恐れ、そう簡単に原生林突入にゴーサインは出せなかった。春から夏になり、夏が過ぎて秋になり、冬がすぐそこに近づいていた。年度内に工事に入るためにはぎりぎりの時間、タイムリミットが近づいていた。八七年十月十五日、農水大臣の許可を得て、青森県庁は知事名でその年度に予定していた青秋林道の計画ルート一・六キロ、国有林二・九ヘクタール分（秋田工区）の水源かん養保安林の指定解除を告示、ついに建設にゴーサインを出した。まさに、のど元に匕首が突き付けられたのである。

青秋林道が凍結に向かって事態が急展開したのは、それからわずか半月後のことである。そこで〝奇跡〟が起きた。〝奇跡〟を呼び込んだのは、その年の秋まで、根深さんも連絡協議会のどの会員も一度も会ったこともなく接触したこともなかった人たち。弘前からずっと離れた、西目屋村の山の向こう側、ルートを付け替えられた青森県鰺ヶ沢町の赤石川流域に住む住民たちだった。

赤石川の人たち

その日、取材申し入れの電話を掛けた。

「もしもし、『熊ノ湯温泉』の吉川隆さんですか。もう十年も前のことですが、青秋林道反対運動のときの異議意見書集めがありましたね。あのときの話をもう一度、じっくり聞かせてほしいんですけど。七月一日に伺いたいんですが、都合はどうですか」

電話の向こう側にいる吉川さんが答えた。

「ああいいよ。でも七月一日はアユの解禁日だしなあ……。釣りがしたいから……」

「じゃ七月二日にしましょう。弘前の根深さんと二人で伺いますのでよろしくお願いしまーす」

と言って、電話を切った。吉川さんは、よほど釣りが好きらしい。

約束の七月二日、弘前市内で根深さんを乗せて出発、岩木山を横目に見ながら、鰺ヶ沢町を目指して、車を飛ばした。津軽平野を背に山を越え、峠を下る。やがて日本海が見えた。海岸線に沿って、名物のイカ干しの店が何軒も並んでいる。十年前、取材で何度も通って見たあのころの日本海の風景と、何も変わらなかった。

鰺ヶ沢町の中心部を過ぎ、しばらく行くと、道は赤石川の河口に差し掛かる。その手前で針路を左に変え、上流に向かって走った。水田が広がり、車窓から見える風景は、のどかな農村風景そのものである。

「この辺りも懐かしいところだなあ。チラシ配りに、一軒一軒歩いたっけ」

その日は時折、どしゃぶりの雨降りになったが、アユ解禁になったばかりで、赤石川には竿を入れる太公望たちの姿が点々と続いていた。流域には川を挟んでたくさんの集落が分散してある。最奥の集落が一ツ森地区で、その一ツ森の一番奥に吉川さんの経営する温泉民宿「熊ノ湯温泉」がある。弘前を出て一時間半余かかった。温泉のすぐ前を流れているのが赤石川である。

吉川さんは釣り竿を下げ、雨合羽スタイルで民宿に帰ってくると、釣ったアユを庭の池に放した。着替えをした吉川さんに、民宿の奥座敷に通された。吉川さんこそ、青秋林道建設反対の異議意見書集めの集会で、一番先に「林道反対」の意思表示をしてくれた地元住民である。

「青秋林道は鰺ヶ沢町の一般の住民には何の説明もなかったし、林道が通る場所さえ知らなかった。林道が出来ればさらにブナの伐採が進み、山が荒れて赤石川の水が減る。『水』に対する危機感があった」と語る。

保存していた取材ノートのメモを基に、署名運動の最初の住民集会の様子を再現してみよう。

一九八七年十月十九日午後七時から、青秋林道に反対する連絡協議会主催で、林道建設反対の異議意見書の署名を呼び掛ける集会「赤石川を考える会」が開催された。場所は鰺ヶ沢町一ツ森地区にある林業改善センターという名の集会所で、主催者側は根深誠、菊池幸夫、村田孝嗣の三氏が出席し

山男や釣り人を魅了する赤石川。源流域でも水量豊かだ。石滝付近（1985年8月）

た。既に晩秋の趣で、谷合の集落はとっくに暗くなっていた。集会所に夕食を終えた農家の人たちが三々五々、集まってきた。

「これから一体、何が起こるんだろう」——集会所に集まってきた人たちは疑心暗鬼の様子だ。稲刈りを終え、男たちは出稼ぎに出た者が多かったのだろう。意外に「おばちゃん」たちの姿が目についた。参加者を数えると、全部で三〇人ぐらい。石油ストーブを囲んで集会が始まった。

主催者側の型通りのあいさつの後、根深さんと村田さんが青秋林道建設反対を住民に訴えた。

●根深誠さんの話

「みなさん、伐採したブナは、今まで九割が青森県外に運ばれています。それで地元のためになるんですか。これからまた新しい林道が出来れば、伐採や工事で森の保水力はますます失われてしまう。赤石川の源流部に手を入れるのは、人間にたとえれば脳みそを傷つけるようなものです。町の助役だって、シンポジウムで青秋林道は地元にメリットがないのを認めている。工事が行われれば、赤石川流域住民は、不利益を受けるだけではないですか」

●村田孝嗣さんの話

「昔、弘西林道を造ったとき、林道を造ったのは弘前の業者でした。今度の青秋林道は秋田県の業者で、どちらも鯵ヶ沢町とは関係ない。それで地元の振興になるんですか。少しも過疎対策になっていない。林道の周辺は自然観察教育林に指定された。木の伐採もできない林道なんて、何の意味があるんですか。林道の建設目的はもうなくなったのに、役人のメンツで仕事をしているだけだ」

根深、村田の両氏は黒板を使って、秋田県が青森県鯵ヶ沢町の赤石川源流部に入って林道工事を行

赤石川流域の一ツ森地区で行われた第１回住民集会。黒板を使って、秋田から青森へのルート変更を説明している。左が根深誠さん、右が村田孝嗣さん（1987年10月19日夜）

おうとしているそのルート図を描いて説明し、工事の理不尽さを訴えた。「秋田県が、青森県内の領分にまで入って工事をする」とはおかしな話である。このルートに対して、住民は即時に反応した。根深、村田両氏の講演の後、会場から出された住民の発言は、次の通りである（発言順）。

▼37歳の男性

「秋田県は、無理に青森県側に林道を通そうとしているのではないか。秋田は二ツ森の南側（秋田側）の崖は厳しいと言うが、北側（青森側）だって険しい。そんなに林道が欲しかったら、峰の向こう側（南側＝秋田側）を通せばいいだろう」

▼同じ37歳の男性

「櫛石ノ平でも木は切られ、沢の水はなくなった。近代的工事と言ったって……、全部コンクリートで固めるつもりなのか。トンネルなら別だが……。林道を造れば、また木が切られ、赤石川の水が減って、アユも捕れなくなる」

▼55歳の男性

「青森の知事は一体、何をやっているんだ。青森県内で秋田に工事をやらせるってことは、青森の知事が秋田の知事に負けたってことなのか。知事はハンコを押しただけで済ませているが、ここに住むわれわれはどうなる」

▼60歳の女性。

「秋田の方だけ利益を得て、鰺ヶ沢町には利益がないので反対します。主人も『反対』と言っています」

異議意見書に次々署名する一ツ森地区の住民たち。留守を預かる農家のお母さんたちの姿が目立つ

▼37歳の男性
「そんなに林道が欲しいなら、西目屋村と秋田の八森町だけ、自分たちの所だけ通せばいいんだ。赤石川の水は、生活の水だ。保安林に指定しておいて、なぜ道路を造るんだ。おれは何度か秋田側に峰越ししたことがあるが、はじめ、林道は赤石川を通るとは言ってなかったはずだ。いつの間にか赤石川を通ることになったが、地元の人には何の知らせもない。おれたち大然《おおじかり》の人間は、水に対して敏感だ」（大然地区は、一ツ森地区の一部）
▼30歳の男性
「青森県内の話なら分かるが、秋田県だけ得をするんでは……。青秋林道の話は新聞で見ただけだったが、具体的にはきょう、初めて聞いた。今まで何の説明も受けたことがない」
▼57歳の女性
「昔、赤石川にダムが出来たとき、ここの水を岩崎村の発電所にくれてやった。今度は反対します。夏になれば水はほとんどなくなり、昔の三分の一に減りました。水がなければ気持ちが悪いし、赤石川名物の金アユも捕れなくなりました。林道のことは、おととい家にチラシが回ってきて知りましたが、主人も反対しています」
▼59歳の男性
「昭和二十年に大然で八七人が死んだ洪水があったように、昔から赤石川には百年に一度は大水害があると聞かされてきた。村外に、村のことを本気で考えてくれる人なんて誰もいない。今度の林道に賛成する理由は、どこにもない」

会場で真っ先に発言、その後も二度三度と発言している「37歳の男性」と取材メモにある人物こそ、熊ノ湯温泉の吉川隆さんである。この集会で何人か発言したように、昭和二十年（一九四五年）、赤石川上流の大然地区で八七人が死亡する大水害があった。吉川さんの父親の吉川広さんは、その遺族の一人だった。

質疑応答を終え、主催者側が異議意見書の署名用紙を配ると、住民は先を争うように署名した。

「まさか赤石川の上流で林道工事をしようとしているとは思わなかった」「都合の悪いことは、町役場はいつも教えようとしないんだから」と、集会が終わっても住民は口々に不満を語った。吉川さんのように、山を歩いて現場を知っていた人はごく一部で、住民のほとんどは青秋林道のルートが赤石川の源流部にかかっているという計画自体を、直前まで知らなかった。問題の存在自体さえ知らせてくれなかった行政側に対する不信感が、集会で一挙に爆発した。不満をぶつける住民の口調は、反対署名をアピールしに弘前からやって来た連絡協議会の講演者のそれより、時に激しいものだった。

「もしかしたら、これはいけるんじゃないか」

根深、村田、菊池の三氏が、〝奇跡〟を直感した瞬間であった。

ところで、異議意見書とはどんなものなのか。話を前に戻してみよう。

異議意見書

赤石川流域の集落で集会を開催するより半年ほど前の八七年春、運動を支援していた日本自然保護協会から連絡がきた。それによると「森林法には、保安林解除に不服があれば、『直接の利害関係を有する者』は、解除の予定告示から三十日以内に異議意見書が提出できる。受理されれば林野庁は公開の聴聞会を開かなければならない」とある。「異議意見書で『林道建設反対』の意思表示ができる。この手は使えないだろうか」という内容だった。

青森県庁はいずれ、林道建設にゴーサインを出すのは明らか。しかし、連絡協議会では対抗手段が見いだせないまま、八方ふさがりの状態が続いていた。そんなときに、自然保護協会が知恵を授けてくれたのだった。異議意見書提出で合法的に「林道建設に待った」の意思表示ができるチャンスが、まだ残されていたのである。

「森林法にいう『直接の利害関係者』とは誰なのか」――自然保護協会と連絡協議会の人たちは思案した。森林法には「直接の利害関係者」とあるだけで、それ以上の説明はない。保安林解除されようとしている林道予定ルートは、秋田県八森町から県境を越えて、青森県鰺ヶ沢町の赤石川源流部に入る。それならば「直接の利害関係者」とは、「林道工事で影響を受ける可能性のある下流の赤石川流域住民に違いない」と考えた。その異議意見書が、実際にどんな効力を持つのかは分からない。しかし、ほかに手だてはなかった。春が過ぎて夏になり、夏が過ぎて秋になった。そして、Xデーを迎えようとしていた。

「もしかして、鰺ヶ沢の人でも、一〇人ぐらいは署名してくれるかもしれないなあ」「こうなったら引き延ばし作戦だ。一〇人でも何人でも署名を集めよう。もう一冬、工事を先送りさせて、次の作戦を考えるほかない」――弘前市の三上希次会長の経営するアウトドア店「ロッキー」の中で、連絡協議会の会員は話し合った。選択の道は、もはや異議意見書の署名運動しか残されていなかったのである。

それまで、青森県で青秋林道の問題といえば、青森側ルートを抱える中津軽郡の西目屋村の問題、と目されていた。ところが異議意見書提出の動きをきっかけに、舞台は西津軽郡の鰺ヶ沢町の赤石川流域に移ろうとしていた。

それまで、西津軽郡を中心に原生林保護の取り組みを展開していたのが西津軽郡教職員組合（＝西郡教組、嶋祐三書記長）であった。日本自然保護協会とタイアップしながら、ブナ林の危機を訴えた写真展（岩崎村、深浦町、鰺ヶ沢町）を開催したり、講演会や現地観察会を開くなどしていた。八七年八月には青秋林道に反対する連絡協議会にも加盟、協力関係ができた。

鰺ヶ沢町の住民に訴えるにはどうするか、青秋林道に反対する連絡協議会と西郡教組が協力して始めたのがチラシの配布だった。「今、赤石川が危ない」と書き、九月五日と十日にJR五能線・鰺ヶ沢駅前で配布したのをはじめ、この月、町内に合計五〇〇〇枚とも一〇〇〇〇枚ともいわれる人量のチラシをまいた。

　九月二十七日には、両団体が中心になって企画したシンポジウム「白神山地と地域を語る会」を開催した。会場は鯵ヶ沢町舞戸の「西つがる荘」。シンポジウムでは、青森、秋田両県の自然保護団体の代表者、日本自然保護協会、西目屋村のマタギ、深浦町の内水面漁協組合長、鯵ヶ沢町助役、鯵ヶ沢営林署長ら九人がパネリストになって意見発表、林道建設の是非をめぐって白熱した議論を展開した。参加した町民は約一〇〇人。町助役が「保安林解除に同意したのは、林道を推進する八森町や西目屋村に、同じ行政として配慮したもの。青秋林道建設は、雇用の面から考えても、鯵ヶ沢町に直接のメリットはない」と注目すべき発言をしたのが、このシンポジウムの席だった。

　青森県庁が、保安林解除の予定告示を行って建設にゴーサインを出したのが翌月の十月十五日。連絡協議会が赤石川流域の最奥の集落・一ツ森地区で異議意見書集めの集会を開催したのが四日後の十月十九日だった。ここにきて、赤石川流域住民に対する直接的な働き掛けがスタートした。

　共産党鯵ヶ沢支部の成田弘光さんが青秋林道反対の署名運動に参加するきっかけになったのは、九月初めに鯵ヶ沢駅前で配られたチラシを見たことだった。成田さんは鯵ヶ沢駅前で花屋を経営しており、一方、現役の共産党の町会議員をしていた。「住民に説明もなく、町長一人の勝手な判断で林道建設にゴーサインを出したのは許せない」と、燃える正義感で立ち上がった。弘前の連絡協議会に連絡を取り、赤石川流域で開かれた集会の広報活動の仕事を買って出た。

「みなさん、住民をないがしろにして今、青秋林道の建設工事が始まろうとしていまーす。弘前の青秋林道に反対する連絡協議会の〇〇先生と××さんのお話が本日午後七時より△△集会所でありますので、ご近所誘い合って、お越しください」

成田さんは連日、宣伝カーに乗り込んだ。連呼の熱気は選挙戦並み。マイクを握る一方、根深さんと分担して流域の集落をチラシ配布に回った。住民集会の日程を組み、集会所を借りる手続きもすべて成田さんが引き受けてくれた。

作戦を練っていたとき、「共産党が入ってきては運動面にマイナスになるような誤解を与えるかもしれない」と言う会員も、事実いた。根深さんは「もう共産党も何も言っていられないだろう。協力してくれる人なら誰でもいい。時間がないんだ。来る者は来い。来たくない者は来るな」と、檄を飛ばした。

十月十九日夜、一ツ森地区で前述した一回目の住民集会「赤石川を考える会」を開いた。その時点で、異議意見書提出期限の十一月十四日までに、流域の四、五カ所で集会を開く予定でいた。しかし住民の反響が大きく、あれよあれよという間に回数が増えて、一カ月足らずの間に計十日間、上流から下流にかけて赤石川流域全体をカバーする十九の全集落で住民集会を開くことになった。

集会を開催した集落は、次に掲げる「図3」に示した通り。集落名を挙げると、上流から大然《おおかじり》、一ツ森、梨中《なしなか》、鬼袋、小森、種里、細ケ平、深谷《ふかや》、黒森《くろもり》、漆原、山子《やまご》、南金沢、目内崎《めないざき》、舘前、川崎《かわさき》、日照田《ひでりだ》、姥袋《うばぶくろ》、牛島、赤石などだった。一日に複数の集落を回ったことが何度かある。

では、赤石川の住民はなぜ、連絡協議会の人たちの訴えに、即時に反応したのか。赤石川に住む人たちは、ほかに住む人たちとどこか条件が違っていたのだろうか。この謎解きのカギを握るものこそ図3である。「青秋林道はなぜ止まったのか」——このテーマを理解するためには、この図3の意味するところを読み取ることができるかどうかにかかっている、と言っても過言ではない。以下、本書を読み進めるに当たって、常にこの図3を念頭に置いて読み進んでいただきたい。

まず、町の全体像を見てみよう。

鰺ヶ沢町は南北に約四〇キロあり、東西は一〇キロ足らず。図3にあるように南北に細長い町だ。赤石川は最南の、秋田県境の二ツ森に源流を発している。ブナ原生林を北流し、水をいっぱいにして里に下り、水田を潤す。川はさらに水量を増し、日本海に注ぐ。流路総延長四五キロ。地元の内水面漁業、沿岸漁業にとって赤石川は、なくてはならない存在だ。赤石川で捕れる金アユが、土地の名物だった。

赤石川の環境を大きく変えたのは、一九七三年に開通した旧弘西林道だった。林道開設で原生林は次々と伐採され、山系で森の美しさを最も誇っていた櫛石ノ平まで伐採され裸山が広がった。水量の豊かさを誇った赤石川の水は以後、大幅に減水する運命をたどった。

赤石川上流には、赤石ダムがある。このダムについても触れなくてはならない。赤石ダムが造られたのは、旧弘西林道開通よりずっと前の一九五六年のことである。満水時の貯水量が八三万立方メートルの規模。このダムから赤石川の水は毎秒四・五トン取水され、取水された水はトンネルを抜けて西へ運ばれ、途中、他の河川から取水された水と合流してさらにトンネルを抜け、岩崎村に出て、その大池第一、第二、松神の三つの発電所の水に使われている。ダム建設の際、地元の内水面漁協は水利権を東北電力に譲渡し、漁業補償を受けたのだが、補償金をめぐって住民は二分して対立。政治

図3　赤石川と青秋林道

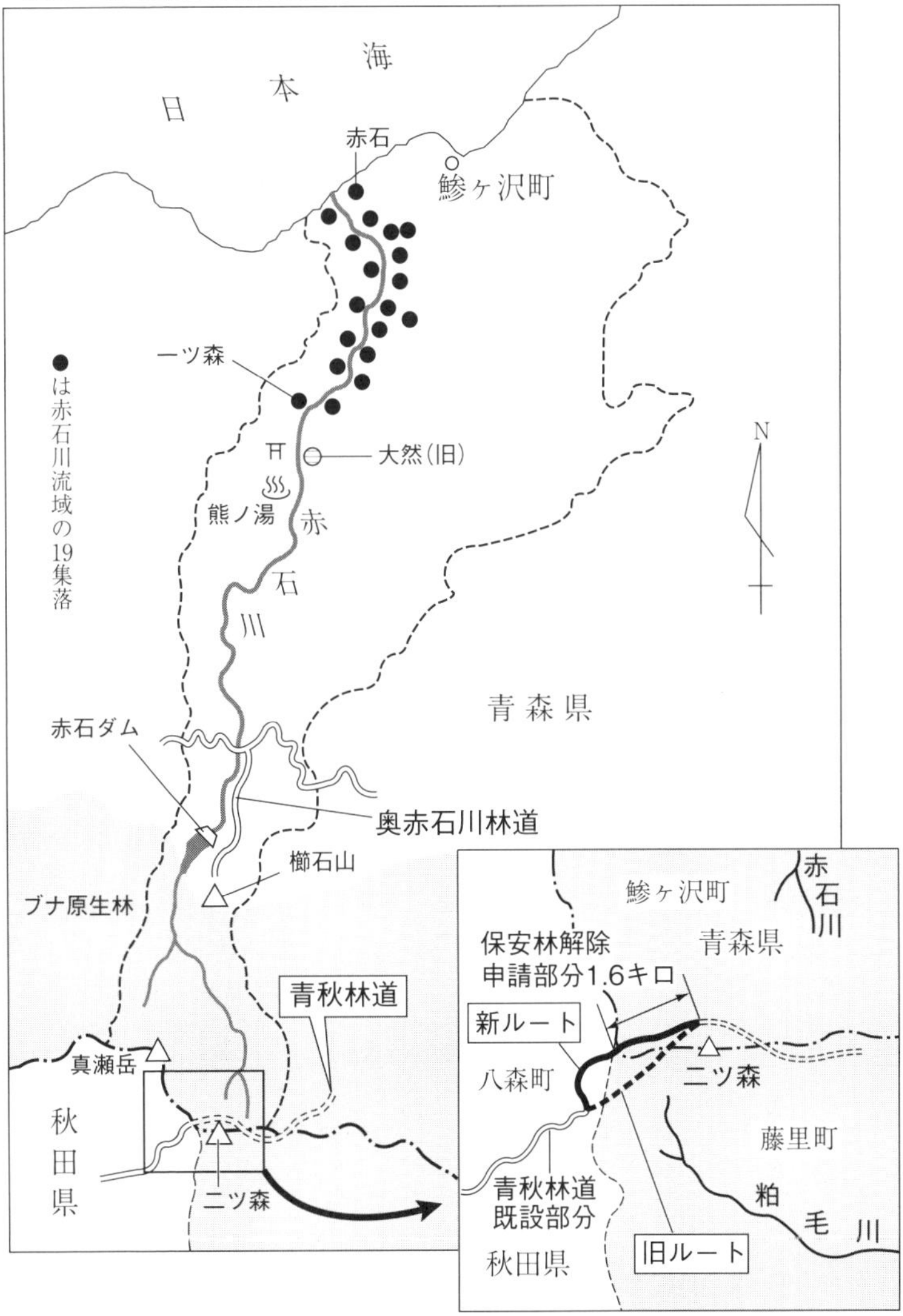
日本海
赤石
鰺ヶ沢町
●は赤石川流域の19集落
一ツ森
大然(旧)
熊ノ湯
赤石川
N
青森県
赤石ダム
奥赤石川林道
櫛石山
ブナ原生林
青秋林道
真瀬岳
秋田県
二ツ森
鰺ヶ沢町
赤石川
保安林解除
申請部分1.6キロ
青森県
新ルート
八森町
二ツ森
藤里町
青秋林道
既設部分
粕毛川
秋田県
旧ルート

的派閥争いも絡む事件に発展した。これが裁判となり、最高裁まで持ち込まれ、結局、判決言い渡しまで十九年の歳月を費やした。この事件は住民の間に深い傷跡を残した。原生林が豊富だった時代は赤石ダムによる取水はまだ目立たなかったが、ブナ伐採が進み、赤石川の水が減っていくのを見続けている住民はあらためて「一度、水を売ってしまった」という思いを強くしたのである。

図3の示す通り、赤石川流域の住民は、源流から中流、下流、河口、沿岸まで、一つの流域、一つの生態系の中で暮らしていた。そこに戦後の消費経済社会の影響が、この山里にも及んだ。ダムが造られ、林道が通った結果、源流域のブナが伐採され、赤石川の水は減り、名物の金アユが捕れなくなり、沿岸漁業も不振が続いた。赤石川流域の住民は、日々の生活の中で、山から海までワンセットの自然の変化を見つめ、実感していた。これに昭和二十年の大水害の記憶が加わった。しかも青秋林道の工事を行うのは、県境を越えてやってくる秋田県であり、これに反発する県民感情がある。秋田県が工事に入ろうとした部分こそ、まさに流域住民の暮らしを支えてきた赤石川の核心部分、源流部であった。

図3を念頭に置きながら、あらためて青秋林道に反対する連絡協議会の人たちが赤石川で開いた二回目以降の住民集会の様子を見てみたい。

住民よ、怒れ

十月二十七日午後七時、鰺ヶ沢町の日照田地区集会所で住民集会が開かれた。青秋林道に反対する連絡協議会の三上希次会長、根深誠、菊池幸夫氏のほか、横山慶一弁護士（聴聞会陳述代理人予定者、青森市）が出席した。ここの会場も、畳敷きで平屋建ての小さな会場だった。住民は一五人が参加した。

●三上希次会長の話

「二十年前の赤石川には、アユがいくらでもいた。山には清流が流れ、櫛石ノ平には見事なブナ林が広がっていて、イワナを釣り、山菜採りをして一週間も過ごすことだってできた。今は、山はハゲ山だらけだ。ブナの森が水をつくってきた。今、そこに秋田県が工事を進めようとしている。みなさんの奥座敷（赤石川源流）に、土足でドタバタ入ってくるようなものだ。住民は、怒らなくちゃいけない。一体、町から林道工事の説明があったんですか。先月、鰺ヶ沢駅前でチラシをまいたが、地元で林道計画があるのを知っていた人はほとんどいなかった」

●根深誠さんの話

「弘西林道を使って、青森のブナを丸太にして運んでいくのは、ほとんどが秋田の業者だ。弘西林道から上流に向かって奥赤石川林道が延び、今度は上流から青秋林道がやってくる。原生林を上から下から攻めようとしている。誰だって自分の川の奥を荒らされるのは嫌なはずだ。上流から泥水を流されて損するのは鰺ヶ沢町の人たちなんですよ。青秋林道には、ぜひ反対してください」

●菊池幸夫さんの話

「ここは津軽のルーツだ。津軽藩祖の為信公もここで（鰺ヶ沢町種里地区）生まれた。水があり、魚がいて、山にも逃げられた。昔の人は賢かった。今はブナが伐採されてクマもサルもイヌワシも、餌がなくなって困っている。二ツ森はずり落ちている山で、秋田県はそこに林道を造ると言うんだ。秋田県はもう、自分の県内に木を切る山がなくなったんだ。林道が出来たって、木を秋田に持って行かれ、みなさんは被害を受けるだけで、いいことは何もないんです」

●横山慶一弁護士の話

「計画通りに林道工事が進んで、河川が汚濁し、土砂崩れが起きたら、誰が補償してくれるんですか。山向こうの秋田県の八森町が補償してくれるんですか。八森町にそんな財政負担能力があるとは考えられないし、裁判にでもなれば二十年も三十年もかかってしまう。今、具体的に青秋林道に『待った』をかけることができるのは、下流に住むみなさんだけなんです。青秋林道を止められるかどうか、日本中の期待を担っているんですよ」

主催者側の訴えは以上の内容だった。住民側は次のように応えた。

▼52歳の男性

「サルやらクマやらカモシカやら、このごろよく出てきて田畑を荒らすようになった。今までそんなことなかったのに。目屋の山に木がなくなって、みんなハゲ山になってしまったからだ。あれではサルもクマもいられない」

▼72歳の男性

「林道工事を、町はいつ承諾したんだ？　昔の赤石川は水がきれいだった。川は曲がっているが、水量が多くて向こう岸に渡れなかった。今はどこからでも自由に川を渡れる。それだけ水が減っちまったんだ」

▼年齢不明、男性

「林道の話は、町から説明されたことは一度もない。新聞とテレビで見ただけだ。決まる前に知らせてくれればいいのに……、決まってからでは遅すぎる」

▼61歳の女性

「私は山が好きだから、タケノコやゼンマイ採りによく山に入ります。今度の林道が赤石の方に来れば利用もできるでしょうが、道は来ないそうです。道が来なければ、山菜採りにも利用できません。誰のための林道なんですか。あの町長は中村川の方の出身だから、赤石川のことはよく知らないんでしょう」（中村川は町の東部を流れる川）

六十一歳のこの女性の発言は、重要な問題を指摘していた。言葉の通り、仮に青秋林道の建設に賛成して工事が完成しても、赤石川流域の住民はこの道を利用できない構造になっている。図3を見れば分かるように、赤石川に沿って上流に向かう奥赤石川林道は、途中で切れている。そこから先は白神山地の中でも最も奥まった所で、一般の人が日常的に出入りできる場所ではない。マタギや、ある程度山登りの訓練を受けた人でなければ入れない深い森だ。確かに林道の予定地は鯵ヶ沢町内に所属してはいるが、町からそこまで行くのにはとんでもない距離があり、その間に広大な原生林が横たわっている。林道の秋田工区が県境を越えて赤石川源流に食い込むことによって、「青秋林道は鯵ヶ沢町を通る道路なのに町民が利用できない」という結果を招いた。六十一歳のこの女性の発言は、率直にその矛盾点をついた言葉である。

鯵ヶ沢町に食い込む越境ルートは、場所が青森県なのに工事は秋田県が行う。完成後は秋田県八森町が林道の維持管理をする。青森県は秋田県に、単に「場所貸し」するのにすぎなかった。「青秋林道は、少なくとも青森県側には何のメリットももたらさない」のは明らかで、青森県側の開発派は、林道推進の「論拠」を失った。受益者になるのは、青森県側では唯一、西目屋村だけである。

連絡協議会の人たちは林道建設反対を訴えながら、一方で住民から多くのことを学んだ。

「昔はアユが豊富に遡上してきて、簗《やな》場《ば》も五カ所あったが、今は一カ所だけだ。夏の減水期にはアユが酸欠でプカプカ浮き上がって死んだりする」

「せっかく造ったサケマスふ化場も、表流水を使えないほど赤石川の水が減ってしまうことがある」

これは根深さんのメモに残された住民の話である。赤水事件というのを、集会で住民から知らされた。鯵ヶ沢町の上水道は、赤石川の河口近くに設けられた町の施設から給水されていた。そこで地下水を汲み上げて貯水池に入れ、各家庭に送っていたが、それより十年前のこと、大半の世帯の水道の蛇口から塩水が出て、町中が大騒ぎになった。それが赤水事件である。赤石川の減水で地下水の水位が下がり、海水が逆流したといわれる。町はその後、上水道の取水口を上流に移した。

赤石川流域での一回目の集会を一ツ森で開いたとき、集まった異議意見書は三〇通だった。これがどんどん膨らんだ。「直接の利害関係者」には該当しないが、弘前市や青森市、千葉県や神奈川県、東京都と全国の支援者から異議意見書が連絡協議会の事務局「ロッキー」に届いた。日照田地区で集会を開催したのはスタートから八日目、この時点で異議意見書は計二〇〇〇通に達していた。

赤石川で夜間に開く集会に出るために、根深さんは午後五時には弘前を出なくては間に合わない。夕食の時間が取れず、車の中でパンをかじった。根深さんはかつて自動車学校に通ったとき、指導員とけんかして以来、車の免許を持ったことがない。既に定職も持っていなかった。昼間、一人でバスで先に行って各戸にチラシを配布して回ったときもある。集会を終えると、帰りはいつも菊池幸夫さんの車に乗せてもらった。従って、すべての集会に出たのは根深—菊池コンビだった。

集会に五人ぐらいしか集まらないときもあったが、参加した住民は「異議意見書の署名用紙を一〇枚ください。署名を集めて送りますから」と言ってくれた。おばちゃんたちに「私たちのためにこんなに一生懸命やってくれて、本当にありがとうね」と励まされた。連絡協議会の活動は、すべて手弁当方式のボランティアである。

「異議意見書集めをして住民のエネルギーをひしひしと感じた。私たちの訴えが理解されたとき、勇気づけられ、生き返った気持ちになった。ヒマラヤの山に初登頂したときと同じくらい、うれしかったなあ。地元の住民が気付いて立ち上がらないと、こういう運動というものはうまくいかないものなんだと痛切に感じた」と、根深さんは振り返る。

ここであらためて、赤石川流域の住民集会に通った人たちの名前を列挙すれば、皆勤賞の根深誠、菊池幸夫氏のほか、三上希次、村田孝嗣、阿部東（高校教師）、工藤豊（労山弘前）、斎藤宗勝（東北女子大学）、横山慶一（弁護士）氏らだった。

十一月三日は赤石川河口に近い「赤石」地区で集会を開いた。赤石地区は流域最大の集落で、異議意見書集めを選挙にたとえれば、一番の票田が赤石地区である。集会は午後七時から地区の林業改善センターで開かれ、約三〇人の住民が参加した。

●三上希次会長の話

「白神を守る運動とは、一万六〇〇〇ヘクタールの、日本に残された最後で最大の原生林を守ることだ。今、赤石川の源流で林道工事が行われようとしている。これを人間にたとえれば、頭に傷をつけるのと同じだ。林道工事が行われることは、地元の人に何も知らされていなかった。頭にくること、おかしなことは、怒らなくちゃいけない。きょうも全国の人から『頑張ってください』と励ましの電話が七本入った」

●根深誠さんの話

「農業、漁業に従事している人は、自然に対する依存度が高い。みなさんは川のことをよく知っている。昔、父と赤石川に来たことがある。そのころは川が黒くなるほどアユがいた。それが、林道が出来てブナが伐採されて水が減ったのでは、下流に何もいいことないじゃありませんか。青秋林道はブナを切るために計画した林道だ。はじめは秋田県の藤里町を通る予定になっていたが、自分たちの町を流れる粕毛川がだめになるからと藤里町が反対して、それでルートが青森側に回ってきたんだ。そこをぜひ、みなさんに考えてほしい」

●菊池幸夫さんの話

「二ツ森の北側（青森側）は雪が少ないとか地盤がいいとか秋田側は言うが、そんなことはない。青森側だって厳しい。南アルプスのスーパー林道なんて、高い所に造って二年でだめになったではないか。そういう先例もある。白神は、マタギ以外に入れないような深い山だ。日本一、世界一のブナ原生林だ。秋田県は、自分の所で切る木がなくなったから青森県の木を切ろうとしているんだ。役所は『地元の振興』って言うけれど、どうやってここから青秋林道まで行くの？　赤石川を上って行ったって、そこから先、三日はかかるよ。工事で土砂崩れが起きたらどうする。青秋林道はメリットなし、デメリットだらけの林道だ」

●斎藤宗勝さんの話

「赤石川流域の人は、山から海までワンセットで貴重な自然の財産を持っている。岩盤や雪崩の地形にはそれに適した植物、動物が一体となって生活している。それらは必ずつながりを持って生きている。クマゲラがいる、その背景が大事だ。赤石地区は赤石川流域の出口であり、林道工事が始まれば、ここでみんな尻ぬぐいしなくてはならなくなる」

●工藤豊さんの話

「昭和五十年（一九七五年）、岩木山の百沢で起きた水害では二二人が死んだ。裸山は木のある山より水の流れが五倍速いそうで、天災か人災かで長い裁判をした。そのへんも踏まえてみなさん、青秋林道が何をもたらすのか、よーく考えてみてください」

主催者側の訴えた内容は以上のようなものだった。三上希次会長の訴えに呼応するように、住民は怒った。「それじゃ、青森県は秋田県にバカにされたってことなのか」「そんな林道だったら、やめちまえ」「自然保護団体の人たちの説明は遅すぎた。なぜもっと早く教えてくれなかったのか」といった声が、会場から次々と上がった。根深さんらが開いた住民集会は結局、赤石川流域で十日、町の中心部などで二日の計十二日間に及んだ。

西郡教組も独自に住民集会を開催、署名運動を展開した（西郡教組は、最終的に七三三通の異議意見書を集めた）。林道建設に疑問を投げ掛ける意見、住民の怒りの声は、赤石川流域、鰺ヶ沢町全体に拡大していった。

森と川と海と

石岡喜作さんの自宅は赤石地区の中心部、国道の坂を上り切った辺りにある。もう日が暮れていた。根深さんと二人で暗い坂道を上り、喜作さんの家を訪ねた。

「やあやあごくろうさまです。根深さんも久しぶりだねえ」――玄関を開けるとすぐ、喜作さんの声が返ってきた。大正十二年（一九二三年）の生まれ。明るい笑顔は、昔と変わらなかった。

喜作さんが初めて根深さんに会ったのが八七年十一月三日、赤石地区の林業改善センターで開かれた異議意見書集めの住民集会だった。

「昼間、宣伝カーがここら辺りを回っていたが、何やらマイクで赤石川の話をしているようだ。赤石川の何の話をするのか分からなかったが、まずは行ってみよう、と思った」というのが集会に顔を出すきっかけだった。喜作さんは赤石水産漁業協同組合の組合員で、三十年間、赤石川の監視員を勤めた人物である。「赤石川」と聞いて黙っていられるわけがない。監視員の仕事は、期間はアユ解禁前の六月から秋口の十月まで、範囲は河口から、くろくまの滝辺りまで。喜作さんは毎日、自転車に乗って赤石川を見て回った。ナメ流し（毒流し）をする悪質な密漁者を見つけ、取り締まるのが大事な仕事。喜作さんこそ〝赤石川のプロ〟である。

しかし毎日、赤石川を見て回るのが仕事だったので、山の方にはめったに行かなかった。「根深さんたちが来て集会を開いて教えてくれるまで、奥地でそんなにブナが伐採されているとは知らなかった」と言う。驚いた喜作さんは、現地を見ようと漁協の幹部らを誘って七、八人で山に入った。

「行ってみたらびっくり、とんでもないことだ。櫛石ノ平は見渡す限り伐採されて、ハゲ山になっていた。赤石川の水は年ごとに減っている。『これは奥地で何かあるな』と思っていたが、あれほどひどいとは思わなかった」。喜作さんはさっそく、異議意見書集めに奔走した。

赤石川名物の金アユは、えらぶたに金色が入っているのが特徴だ。食味よく、赤石川と高知県の四万十川、宮崎県綾町の大淀川支流の三カ所にしか棲まない。「昔は一度に何十匹も手づかみで捕れるほどで、全国から釣り人が集まった。今は金アユは十本に一本ぐらいしかかからない。昔は胴長でなければ対岸に渡れなかった。今は水が三分の一に減って、どこからでも渡れる。上流のブナの伐採を止めなければ、赤石川の水がもっと減り濁りも増すだろう」。反対運動に駆り立てたのは、喜作さんの赤石川に対する熱い思いであった。

喜作さんの家から坂道を下った所、すぐ近くに赤石水産漁協組合長の石岡繁春さんの家がある。繁春さんも異議意見書集めの集会で根深さんに会った。集会に出たのは喜作さんに誘われたのがきっかけだった。「根深さんの説明を聞いて、言われりゃその通りだなと思った。赤石川は昔は大雨がきても薄く濁る程度、土砂が流れてくることなんてなかった。今は大雨がくると一気に増水して土砂まで運んでくる。山の木をみんな切ったからだ」と言う。喜作さんと一緒に、山の現場も見に行った。

赤石水産漁協は、内水面（河川）と海面の両方に漁業権を持っている。アユやヤマメ、サケの養殖・放流事業をしたり、沿岸漁業を中心に生活を営んでいる。「これ以上、赤石川の源流に手が入っては大変だ」と、繁春さんは組合事務所で異議意見書を大量にコピー、組合長としてほかの役員にもハッパをかけ、自らも夫人と二人で署名集めに走り回った。漁協は正組合員九四人、準組合員四〇五人の計四九九人だが、うち二九四人から反対署名を集めた。漁協理事会でも「青秋林道建設反対」を組織決定した。漁協の組織ぐるみの支援は、地域社会の中で大きな力になった。

赤石川の監視を30年間続けた石岡喜作さん

赤石川の河口の上を、JR五能線が走っている。繁春さんは子どものころ、五能線の鉄橋の上から赤石川に飛び込んでよく遊んだ。「昔の赤石川は水量豊かで、川を越えられなかった。黒くなるほどアユがいた。今はアユの型も小さくなったなあ」と、さみしそうに語った。

河川の水量が減ると、大雨で土砂が流れ込む。タナゴやハタハタ、ヒラメが産卵場所にしているゴモ（海草）は、土砂が被さり、枯れて死んでしまう。いわゆる磯焼けの現象が起きる。漁獲量は最盛期の半分以下に減った。かつてはスズキ、サヨリ、カワガレイなど汽水域に遡上する魚が中流の熊ノ湯温泉辺りでも捕れたのに、水量の変化で今は河口付近にしかいなくなってしまった。

喜作さんが曾祖父から受け継いだ言葉に「海に網を入れるときは、山の森を見て入れろ」というのがある。森の豊かな山の下流にこそ、魚はつく。漁民は体験で知っていた。青秋林道を中止に追い込んで十年、喜作さんは「ヤリイカやヒラメの漁が少しずつ回復してきた」と語る。林道が止まり、伐採にある程度の歯止めがかかって、海が少しずつ元気を取り戻しているようだった。

青秋林道建設反対の署名運動が終わった後、住民は水を取り戻そうと「赤石川を守る会」を結成、喜作さんが初代会長に推された。住民代表としてシンポジウムのパネリストになったり、根深さんらと上京して「日本の水をきれいにする会」の稲葉修会長（元法務大臣）や松田堯林野庁長官を訪ね、赤石川源流の保安林解除反対を訴えたりした。

白神山地が世界遺産となり、これをどう保護していくか、環境、文化、林野の三庁による管理計画が作られることになった。その際に民間の意見を聴くために発足したのが「世界遺産地域懇話会」で、赤石川流域住民を代表して委員になったのが喜作さんだ。計四回の会議に出席した。焦点になっていた入山規制問題については結局、「青森県側は指定二七ルートからの許可制入山、秋田県側は原則入山禁止」となった。九七年七月から実施された。

「世界遺産になったからといったって、昔から山に入っていたんだから、自由に入れていいんではないか。何度、そう言っても会議では通じなかった。何百年も何千年も前から自由に山に入っていたのに、今さらいちいち営林署（森林管理署）に届けろ、と言われても……。十年前の青秋林道反対の異議意見書集めのとき、住民みんなに協力してもらった。だが、『入山規制のために署名運動に協力したんじゃない。おまえたちが反対運動をやったから山に入れなくなったんだ』と憎まれるんではないかと思うと、それが一番つらかった。もうおれも年だが、この命ある限り『山を完全開放するまで闘い抜くぞ』の心境だよ」

漁協の組合長として署名集めに奔走した石岡繁春さん

これが世界遺産をどうするかの会議に出席しての、喜作さんの感想である。

繁春さんはこう付け加えた。

「ここら辺りでは『山に入れないなら、火をつけて焼いてしまえ』と言っている者もいる。住民感情として、それはその通りだと思うよ」

消えた村・大然

石岡喜作さんや石岡繁春さんの住む赤石地区を後にして、再び一番上流の集落、一ツ森の吉川隆さんの経営する「熊ノ湯温泉」に戻った。隆さんは青秋林道に反対する連絡協議会が赤石川流域住民を対象に開いた異議意見書集めの集会で、真っ先に林道建設に「異議」を唱えた人物である。集会の流れを方向付ける上で、大きな役割を果たした。隆さんはなぜ、早くから青秋林道建設に疑問を持っていたのか、あらためて聴いた。

隆さんが青秋林道の存在自体を知ったのは異議意見書集めの署名運動が行われた年の三年ほど前だったという。春の五月、クマ撃ちに赤石川を上った。泊まりの沢で一泊。翌日、クマを見つけ、滝川を回って秋田県境まで追ったが、逃げられた。クマ撃ちは失敗したが、その辺りのブナの幹に赤っぽい色のテープが巻かれているのを見つけた。「これは何だ」と首をかしげた。下山後、クマ撃ち仲間に聞いたところ、「秋田の八森町から弘前まで道路を造るらしい。将来は奥赤石川林道にもつながるみたいだよ」と言う。幹に赤いテープが巻かれたブナのある辺りは、青秋林道予定ルートの刈り払い地らしかった。問題の所在に、このときはじめて気付いた。

隆さんは一ツ森に生まれ、育った。父親の吉川広さん（故人）の後を継ぎ、農業を兼業しながら家族で温泉民宿を経営している。出稼ぎに出たとき以外は、一ツ森から離れて暮らした経験はない。吉川家は代々、白神山地を狩り場とする赤石マタギの家系だった。マタギの後裔たる隆さんもまた、クマやウサギを撃ちに山を歩き、タケノコ、ウドなどの山菜採りをする。一年のうち半分は山に入っている。

以前、三年ほど、営林署の下請けの仕事をしたことがある。天狗峠から櫛石ノ平、津軽峠周辺のブナ伐採の仕事だった。「わずか三年といっても、その間に伐採した面積は膨大なものだった。こんなに木を切ってしまってどうするんだろう。おれもいつまでもこんなことをしていていいのか」と自問自答し、悶々とした日々を送っていた。旧弘西林道が出来たために大量のブナが伐採された。青秋林道が出来れば、伐採の斧がさらに奥の森に入ってしまう。「それが正しいことなのか」――疑問は募るばかりだった。

そのうち、弘前で林道の反対運動に取り組んでいる人たちがいるのを知り、連絡協議会会長の三上希次さんの店「ロッキー」に電話してみたところ、「今、その準備をしている」との返事だった。そのときはそれで終わりだった。連絡協議会の人たちが赤石川にやってきて集会を開いたのが八七年秋で、そこで隆さんは根深さんらに初めて会った。

「宣伝カーが回ってきて、弘前の人たちが反対集会を開くのを知らせてくれた。『新聞に出たりテレビに映ったりするかもしれないぞ』――なんて話して、みんなで集会に行ったんだ」と当時を思い出し、苦笑交じりに語る。

一回目の一ツ森で開いた集会には住民約三〇人が参加した。これは流域最大集落の赤石地区で開いたときのと同じ数字だ。集落単位で見れば、林道反対運動に最も高い関心を示したのが一ツ森だったといえる。これは、あのときの集会で住民から発言があったように、太平洋戦争が敗戦（一九四五年）を迎える間際に起きた大水害が、人々の記憶にあったからだ。その大水害の跡地を、隆さんに案内していただいた。

「消えた村・大然《おおじかり》」の跡は、隆さんの温泉民宿から一キロ足らず下流にあった。現在は杉林やススキの原っぱになっていて、広い河川敷のような風景である。

「ここが元の私の家があった所だ。水害から逃げた人は、真向かいの大山祇神社の山に逃げた。人々は神社の床板を剥《は》がし、祭壇に一本だけ残っていたマッチで火を付け、夜通し暖をとった。死を免れたのは神社に逃げた人たちだけだった。そして二人が助けを求めて下流の村に走った」と隆さんは説明する。

大山祇神社の下手の森の中に「大然部落遭難者追悼碑」が建っている。大水害の様子を、碑文は次のように文字に刻んでいる。

「昭和二十年三月二十二日、夜来の豪雨により流雪渓谷に充塞。河川氾濫し屋舎氷雪に埋まり大然部落二十有戸、盡く其影を失う。夜半のこととて死者八十七名、生存者僅かに十六名のみ……」

大然は山峡を縫って流れる赤石川が、ちょうと平野部に流れ出る辺りにあった。八七人もの死者を出した大水害だったが、時は敗戦の色濃い昭和二十年の春、この大惨事が広く世間に知られることはなかった。昭和二十年は青森市の積雪が観測史上最高の二〇九センチに達するなど津軽地方は大雪に見舞われた年であり、三月は長雨が続いた。大雪で大然の上流に自然のダムが出来て、これに長雨が

大然の大惨事を今に伝える追悼碑（鰺ヶ沢町）

加わりダムが崩壊、水圧によって雪土がどっと下流に流されたと推定されている。夜の十一時過ぎごろで、住民はみな眠っている時間だった。雪に水混じりの洪水に襲われ、着の身着のまま裸足で逃げた。家屋もみな流された。大山祇神社に逃げた者だけが助かったが、そこに一本のマッチが残されていなかったら全員が凍死したかもしれない。遺体の収容は、敗戦と重なったこの年の夏までかかったという。

隆さんの父親の広さんは二十歳のときに出征、ニューギニア戦線で戦った。復員したのは一九四八年、そこではじめて、家族九人のうち祖父と祖母、父と母、それに男二人女二人の四人きょうだいの、八人が死んだのを知った。水害の難を逃れたのは、村をあけて戦争に行った自分一人だけであった。死線を超え、戦争をくぐり抜けて懐かしいふるさとに帰った。そして土砂に埋まったわが家を前に家族全員の死を知ったとき、広さんは何を思ったろう。

「生き地獄だったんだろう。父親も誰も、大水害のことはしゃべりたがらなかった」と言う。それでも隆さんは、酒飲みの席などに機会を見て、生き残った親類や近所の人から水害の話を聞き出した。それらの話から、水害の様子を想像した。真っ暗闇で方向を失った。屋根に載って、そのまま川に流された人もいた。あきらめて死を覚悟してわが子を抱きかかえたまま死のうとした親を、自ら突き放して逃げた娘もいたという。

大然の人たちは水害の後、村を捨てて二キロ下流の一ツ森に移り住んだ。大然は消えたが、隆さんは子どものころから自分のルーツが「流された村」であることを意識していた。青秋林道に真っ先に異議を唱えたのは、その〝原体験〟があったからだ。

大山祇神社の碑を見る。左が根深誠さん、右が吉川隆さん

大然は赤石川流域最奥にあるマタギ集落で、赤石マタギと呼ばれ、白神の山々を狩り場にクマを追う屈強な男たちの住む村だった。大山祇神社の入り口に神社の名が書かれた碑があり、その横に次のような文字が刻んであった。

「大正三、四両年度ニ於テ大熊六頭狩取セシヲ長ク伝フル為メ茲ニ記名シテ紀念トス

吉川勝太郎（以下に九人の名前を列挙）

大正10年12月建立

又鬼《またぎ》」

碑にある「吉川勝太郎」とは、隆さんの曾祖父で慶応二年の生まれ。赤石マタギのシカリ（頭領）だった。勝太郎をシカリに一〇人のマタギたちが大熊六頭を捕った。大猟を記念して、後世に伝えようと碑を建てた。碑の文字を見ると、誇らしげなマタギたちの姿が目に浮かぶようだ。このころが赤石マタギの全盛期だったのだろう。しかし、大水害を境にマタギ文化は途切れた。

「戦前、大然の集落があったときまで、クマの頭骨を大山祇神社の裏に埋めて供養したそうだ」と隆さんは言う。しかし、一ツ森には西目屋村の砂子瀬の目屋マタギたちが伝承しているような昔語りは、ほんの断片的にしか残されていない。村にいた一〇三人のうち、一夜にして八七人が死んでしまった。マタギの人も道具も何もかもすべて流された。その後の混乱も長く尾を引き、マタギの昔語りどころではなかったのだろう。大水害が、おそらく何千年も前から世代交代で継承してきた赤石マタギの文化そのものを、断ち切ってしまったのである。

隆さんが青秋林道に反対した理由は大水害の〝原体験〟をベースにしたものだが、今の問題としては「林道工事で土砂が赤石川に流れ込み、イワナがだめになる。道路が出来ればイワナの密猟者が増える」「ブナの伐採が進み、赤石川の水も減る」「越境して青森県にやってくる秋田県のやり方は『隣の家の畑に入り込んで作物を盗んでいくようなもの』で、許せない」――などを挙げた。異議意見書の署名運動を終えた後、三上希次、根深誠、石岡繁春氏らと一緒に秋田県庁を訪問して抗議、林道中止を訴えた。

隆さんは白神山地が世界遺産になったとき、はじめから冷ややかに見ていた。

「世界遺産に決まったら、町役場の正面玄関に『祝　世界遺産』の横断幕が張ってあった。あれっ、役場はついこの前まで青秋林道を推進していたじゃないか。一体、いつ反省したんだい。何の反省もなく、手のひらを返すようなことは、おれだったらできないなあ。世界遺産とは観光資源ではないはずだ。道路もいらない。便利さも要らない。今までのままでいいではないか」

隆さんはこう訴える。また、入山規制問題については次のように語っている。

「山は誰でも入れる。善人でも悪人でも誰でも入っていい。山を見たかったら、汗を流して入ればいい。遭難するしないは、本人の能力の問題だ」

隆さんは連絡協議会の人たちが開いた住民集会をきっかけに、青秋林道建設阻止のために奔走した。しかし、運動が終わった後、訴える場が与えられることはなかった。そして林道中止後は、予想もしない方向に展開するばかりだった。

鰺ヶ沢町は九六年五月、「自然観察館ハロー白神」を建設、開館した。館内には世界遺産認定書、白神山地の自然や古いマタギの狩猟の様子をパネルで展示したり、アユやイワナを水槽に入れたりして見せている。しかし、赤石川流域住民が立ち上がって青秋林道を中止に追い込んだことなどの説明は何もなかった。大然の大水害については、水害を記録した昔の郷土史家の本が一冊置かれていただけである。「自然観察館ハロー白神」は、旧大然地区に建てられた。大山祇神社の真向かいで、その場所こそ半世紀前、大水害で八七人の死者を出した被災地の上である。死者の霊の上に、過去の災害を忘れたかのように世界遺産を紹介する自然観察館が建っている。

自然観察館の周辺は、国と県の補助を受けながら、大然河川公園として町がキャンプ場や東屋の整備を進めている。自然観察館の隣接地は、かつて大水害で土砂に埋まった隆さんの土地であり、今、その上に大きな柳の木が成長している。隆さんは、父親の広さんから受け継いだ自分の土地とその自然観察館を区別するために、境界に柵を回した。

ルート変更

一ツ森地区で青秋林道に反対する連絡協議会主催の一回目の集会が開かれたとき、吉川隆さんは次のような発言をしていた。

「おれは何度か秋田側に峰越ししたことがある。青秋林道は、はじめは赤石川を通るとは言ってなかったはずだが、いつの間にか赤石川を通るようになってしまった」

根深誠さんも集会でこう訴えていた。

「青秋林道は、はじめは秋田側の藤里町を通ることになっていたが、自分たちの町を流れる粕毛川がだめになるからと反対した。それでルートが青森側の鰺ヶ沢に回ってきたんだ」

赤石川流域で開かれた集会では、集会の回数を重ねるにつれて、この「ルート変更」問題がクローズアップされ、運動の行方を左右する最大のポイントとなって浮かび上がった。ルート変更の問題が明らかにされ、集会の回数に比例するように、赤石川流域住民は秋田県に対する不信感を強めていったのである。

なぜ秋田県が、県境を越えて青森県に入って林道工事をすることになったのか。ここで再び図３の青森、秋田県境付近の拡大図を参照していただきたい。青秋林道の秋田ルートは、当初は八森町から東に延び、町境を越えて同じ秋田県の藤里町の粕毛川源流を横切る予定だった。ところが秋田県は突然、ルートを変更し、県境を越えて二ツ森の北側を回る鰺ヶ沢ルートを青森県側に〝通告〟してきたのである。

一九八五年六月二十七日、秋田県森林土木課長ら二人が、青森市を訪れた。ルート変更の説明会は青森市文化会館会議室で開かれ、青森側は県庁自然保護課の職員や弘前大学の奈良典明教授（青秋林道に反対する連絡協議会会長）、牧田肇教授らが出席した。説明会で示された新たなルートとは、図3にあるように、藤里町を避け、八森町から直接、青森県鰺ヶ沢町の赤石川源流に入るルートだった。ルート変更の理由は「二ツ森の南側（秋田県側）は北風が卓越し、雪ぴができて道路が崩壊しやすい」と言い、純粋に「技術上の問題」との説明だった。秋田側は八三、八四年度に行った自然環境調査を基にしたと言い、壁に地図を張り、現場のカラー写真まで持参して示したという。

青森県側は一斉に反発した。「何のあいさつもなく、勝手に青森側の調査をするのはおかしい。私は何も聞いていない」と自然保護課の担当職員は言い、奈良教授も「青森県内で秋田県が工事をするのはけしからん」と反発した。こんなやり取りが二時間余も行われた。しかし、秋田県側は青森県庁の林道担当の治山課には話を通してあると言い、「もう決まったことで仕方ないだろうという話し合いの場の雰囲気だった。突然のことでこちらも現場を見ておらず、具体的な反論ができなかった」と、牧田教授は言う。

しかし、ルートを変更したのは、本当に技術的な理由だったのか。この問題を解くには、まず旧ルートを通る予定になっていた秋田県藤里町の状況を知らなければならない。

藤里町で青秋林道建設反対ののろしを上げたのが「秋田自然を守る友の会」の鎌田孝一会長らだった。鎌田氏は林道工事が予定通り進めば藤里町の粕毛川の源流部に入ることを知り、八二年五月十九日、青秋林道建設中止の要望書を秋田県に提出した。同月二十六日には「秋田県野鳥の会」（北条忠雄会長）と連名で秋田県に中止を申し入れ。翌六月十四日には、秋田自然を守る友の会の名で、藤里町に林道の中止と、粕毛川源流のブナ林伐採禁止の請願書を提出した。

「なぜ青秋林道が、関係のない藤里町に入ってくるのか。八森町内で工事をする分には反対しないが『藤里町に入ってくるのは反対だ』と県に言った。ルートが青森側の鰺ヶ沢町に変わったのは、決して技術的な理由からではない。藤里町の反対運動があったからだ」と言う。

ルート変更について、青森県側は秋田県の担当官が青森市文化会館で説明会を開くまで誰も知らなかった。しかし、実は当初から秋田県当局と秋田側の自然保護団体の間で水面下でルート変更の交渉が行われていた。それは後に、青森県側にも伝わった。以下の資料にある「ルート」や「路線」の言葉の周辺を見れば、そこら辺りの事情が浮かんでくるはずだ。

①鎌田氏自身が、ルート変更案を秋田県当局から事前に打診されていたことを著書で明らかにしている。『白神山地を守るために』（一九九八年、白水社）という本の中の「付録・白神を語る」の項に次のような一節がある。

「反対を表明して間もない五十七年（一九八二年）六月、当時の高橋清町長から、鎌田くん、暇か、と電話があった。暇だというと、県の林務部長に会ってくれないかという話で、町長と二人で県へ出かけたことがある。当時の林務部長は輪湖元彦さんだった。

……（略）……林務部長に会うと、路線変更をする、藤里には入らないようにするから、何とか林道を通させてくれないかという。わたしは、そうではない、……」

②鎌田氏と接触した後、秋田県は「ルートの調整」という言葉で、自然保護団体に対する方針を打ち出している。五月に秋田自然を守る友の会と秋田県野鳥の会から連名で出されていた申し入れに対して、秋田県は七月十九日付で池田竹二郎・生活環境部長と輪湖元彦・林務部長の名で回答書を出した。その中に次のようなくだりがある＝『森を考える』（一九九二年、立風書房。根深誠編著）に収録＝。

「開設を進めるに当たっては、要望の趣旨に沿うため、必要に応じ今後さらに林道予定線周辺の動植物に関する調査を行い、開設ルートの調整や、工種・工法の検討を行うほか……」

③秋田県の地元紙・秋田魁新報には、次のような記事がある。

▽八二年七月三十一日付――「来月上旬にも着工」の記事

「竹内龍一・県森林土木課長は『本年度分は自然保護団体とも話し合い、特に問題はないと考えている。ルートなどは今後も検討していきたい』と話している」

▽八二年九月二十五日付――秋田県議会農林水産委員会で質疑が交わされたことを報道した記事

「委員会終了後、輪湖元彦林務部長は『……ルートについては流動的で、地元との話し合いの中でベターな方向を見いだしたい』と話した」

④秋田県内の自然保護団体である鳥海山の自然を守る会・白神山地のブナ原生林を守る会共編の『ブナ林を守る』（一九八三年、秋田書房）の中の「白神山地と青秋林道」の項には、次のような記述がある。

「昭和五十八年（一九八三年）一月三十一日の秋田県生活環境部、林務部への陳情の中で、県は、当初の秋田・青森両県の県境尾根沿いに道路を作るという計画を修正し、秋田県側はほとんど通らずに青森県側をまくようにして作るという案への変更を認めた。そのため、秋田県側からブナの原生林帯に工事が入って行くのは、六十年度（八五年度）からの予定だということであった。いずれ、この林道工事の全面撤回までには、まだ幾多の紆余曲折があると思う」

（――線は筆者による）

ここで再び図3の県境周辺拡大図を見てほしい。鎌田氏らの反対運動に遭い、秋田県は八五年度から予定していた藤里町の粕毛川源流域の工事に入ることができない。八三、八四年度はルートを北に延ばし、八森町内で工事を続ける一方、新ルート設定のため青森県鯵ヶ沢町側の赤石川源流域で自然環境調査を行った。

藤里ルートに代え、どこに新ルートを設定すればよいのか。物理的に、これは鯵ヶ沢町に入るほかにあり得ない。こうして秋田県側は県境を越えて青森県側に食い込む新ルート（鯵ヶ沢ルート）を設定し、青森県側を押し切ったのである。前出の自然保護団体がまとめた『ブナ林を守る』の中にあるように、八三年一月の段階で、秋田県は秋田側の自然保護団体に対して、青森県側へのルート変更を示唆している。はじめから青森県側へのルート変更を探っていたのだ。

この時期の秋田県側の自然保護団体が出した文書を見ると、文頭のタイトルを「粕毛川源流地域の保護保全について」（八二年六月、藤里町への請願書）とか、「粕毛川源流ブナ原生流域保全について」（八二年十月、日本自然保護協会などへの請願書）としている。山系全体を指す「白神山地」の名称は、はじめは使っていなかった。粕毛川源流域に林道工事が進入してくるのを阻止しようとしたのが秋田県側の自然保護団体の運動であり、行政側は、それを受けて「粕毛川源流域からのルートを変更する」という形で応えたのだった。

秋田県とすれば、そのまま林道工事が進めば八森町と藤里町がぶつかり合うのは目に見えている。いっそのこと対立の根にある藤里ルートを青森県側に回してしまってはどうか。秋田県内の自己矛盾を、ルート変更によって青森県側に転嫁しようとしたのだろう。いわば「苦し紛れの選択」ともいえる。しかしその結果、ルートを押し付けられた鯵ヶ沢町では、青秋林道に関係のない赤石川流域住民が、何のメリットもなく、不利益ばかりを受ける形になってしまった。

秋田県側から見れば、広大な白神山地の分水嶺を越えた山の向こう側のことであり、ルート変更の意味するところがピンとこなかったのかもしれない。例えば図3を逆さまにして、青森と秋田の県名を入れ替えて見立てたらどうだろう。相手側の赤石川流域住民が置かれた状況や心の痛みに、少しでも気付かないだろうか。図3を、また元に戻してみよう。もし青秋林道が鯵ヶ沢ルートを通らず、旧ルートの藤里町を通ったらどうなるか。藤里町の人たちは、粕毛川の源流部に青秋林道が出来たとしても、住民はその道を利用できない。逆に水害の危険性が増すばかりで、何のメリットもなく一方的に不利益を被るだけである。だからこそ鎌田氏らは青秋林道建設反対運動に立ち上がった。赤石川流域住民が決起したのと、構図は同じだ。

赤石川流域で開かれた集会では、住民から激しい秋田批判が噴出した。「自然がどうのこうのと抽象論を訴えるより、ルート変更によって住民がいかにデメリットを受けるかを訴えた方が、分かりやすかった。県民感情をあおったのも事実。それも一つの手段だった」と、根深さんは振り返る。青森県庁と秋田県庁は「不連続」だった。その不連続に起因するルート変更を逆手にとって、根深さんらは攻め立てたのである。

秋田県側から青森県側へ、ルート変更の説明会が行われたのは、秋田市で開かれたブナ・シンポジウムの開催から十一日後の、八五年六月二十七日だった。まるでブナ・シンポジウムで盛り上がった秋田県内の世論をかわそうとしているかのようである。

実際、ここで秋田県側の自然保護団体は、奇妙な動きに出た。青森県側へのルート変更が行われた翌八六年の三月十二日のこと、秋田県側の自然保護団体である「白神山地のブナ原生林を守る会」（西岡光子会長）は、秋田県議会議長あてに提出していた「青秋林道工事の即時凍結」の陳情書（八五年六月二十五日付）を取り下げているのである。理由は「諸般の事情による」とあるが、ルートが秋田県側の粕毛川から外れたので目的は達成されたので陳情書を取り下げたということなのか。

青森県側の自然保護団体は、このルート変更の対応によって、秋田県側の自然保護団体に、不信感を募らせた。不連続は県庁同士、行政の間だけの話ではない。自然保護団体側も、秋田と青森は「不連続」だった。意図したわけではないとはいえ、結果的に秋田県側の自然保護運動によって、藤里ルートが鰺ヶ沢ルートに差し替わり、さらに林道凍結の陳情書まで取り下げている。藤里ルートを変えるために秋田県側の自然保護運動は大変な労力を費やしたであろう。そして、それが前半戦の勝利を呼び込んだのは事実である。しかし、一方で藤里ルートから差し替わった鰺ヶ沢ルートを中止に追い込むまでに、青森県側の自然保護運動はその何倍ものエネルギーを費やし、多大の犠牲を払った。この事実を、秋田県側の自然保護団体は、どう受け止めるのだろうか。

鎌田氏は、前出の著作『白神山地を守るために』の中で、「十年間の報告に代えて」と題した項で、こう書いている。

「林政史はじまって以来のこの異議意見書提出は、青森県にとっても、林野庁にとっても、さらには強引に他県の自然を削り取って林道推進を図ろうとした秋田県にとっても大きな痛手であったことは言うまでもない。国有林だからといっても、県・町村区域内にあって多くの恩恵を受けている中で、他県の触手が伸びてその自然をついばむことへの反発もあったのであろう」

秋田県側の自然保護団体は、はじめからルートが青森県側に変更される可能性があることを知っていた。それによって引き起こされた結果も承知しているではないか。

ルート変更問題は、青森県と秋田県の自然保護団体同士の間に、後々まで残る深い溝をつくった。

弘前の人たち

ヤーヤドー、ヤーヤドー。掛け声も床《ゆか》しく、扇ねぷたが弘前市内の目抜き通りを練り歩く。三国志や水滸伝、日本の戦国武将を描いた勇壮なねぷたが津軽の夏の夜空を彩る弘前ねぷた祭り、祭りの期間は八月一日から七日だ。ハネトが乱舞する青森ねぶたの「動」に対して、弘前ねぷたは「静」と形容される。優美で静かな祭り。青森ねぶたと違って、弘前ねぷたは大企業中心に山車を出すのではなく、町内会や同好会単位でねぷたを出している。昔ながらの手作りの伝統を保っている。それが城下町・弘前の人たちの誇りである。

「ねぷたの送り絵だな」

運行を終えたねぷたが、それぞれに帰って行く。ねぷたの裏側には情緒に富む美人絵の「送り絵」が描かれていて、その様子が小さなビル二階のビアホールの窓からよく見えた。「送り絵だな」とつぶやいたのは、青秋林道に反対する連絡協議会の主力メンバーの一人だった菊池幸夫さんである。菊池さんも根っからの津軽人だ。

菊池さんは弘前高校生物部の出身で、津軽昆虫同好会の会員、いわゆる「虫家」である。弘前大学を卒業し、高校の英語教師をしながら白神山地で虫の調査に取り組んでいた。根深さんは高校の五年後輩で、根深さんが初めて釣りの本を出版したときに知り合った。以来、根深さんに全幅の信頼を寄せ、反対運動では根深さんの「女房役」に徹した。いろいろな所にアンテナを張り巡らして情報を集め、その都度、根深さんにアドバイスする。菊池さんこそ反対運動の「陰の仕掛け人」だった。

反対運動が盛り上がった八七年は、弘前市の隣の藤崎町の高校に勤務していた。授業を終えるとすぐの午後五時ごろ、弘前郊外の根深さんの自宅に行き、大型四輪駆動車に乗せて車をすっ飛ばし、赤石川の集会所に向かった。根深さんとともに流域の十九の集落で開かれたすべての集会に参加したのが菊池さんだ。

「夕食の時間がなかったので、途中でパンを買い、集会所に着いてから会場のわきでボソボソかじった。その様子を参加した住民に見られたが、『損得なしで運動をやっているんだな』と思われたのだろう。それでかえって好感を持たれたのかもしれない」と言う。集会では「なぜブナを守る必要があるのか。それは、森は水をつくり、水の問題は流域全部に影響するからだ。みなさんの異議意見書で林道計画が覆る可能性があるんですよ」と訴えた。

上流から下流の集落へ向かって順に集会を開いた。集会に三回も四回も、同じ顔をした青年が出席し、その青年がまた何度も何度も、講演する連絡協議会の人たちに質問するのである。「まるで私たちのサクラをやっていたように思われたかもしれない。でも地元の人からの質問なので、聞いていた周りの住民も、よく話を聞き内容も分かってくれた。その青年こそ熊ノ湯温泉の吉川隆さんだった。最後のころは、逆に隆さんにハッパをかけられた」と、懐かしそうに語る。鰺ヶ沢町は漁業の町である。「海の民は、どこか闘う姿勢を持っている」――そんなふうにも感じた。

集会を終えての帰り道、国道わきに車を止めて根深さんと話し込んだ。「集会での説明は十分だったろうか」と二人で反省会。町長や各政党の動きなどの情報交換を行い、翌日の打ち合わせをした。帰宅時間はいつも午前零時近くで、その生活を一カ月続けた。

村田孝嗣さんも連絡協議会の主力メンバーの一人である。弘前市内のホテルの喫茶室で会った。村田さんは赤石川流域の集会には一ツ森、鬼袋、南金沢、牛島地区の四カ所、それと鯵ヶ沢町本町で開かれた集会に出席した。本職は中学の理科教師で、反対運動が最高潮に達した八七年は、南津軽郡の南端のほとんど十和田湖に近い山間部の小・中学校併設校に勤務していた。弘前市内の自宅から学校に行き、授業を終えると、取って返すように赤石川に向かった。勤務地の学校から赤石川まで、片道二時間半かかっ

〝陰の仕掛け人〟菊池幸夫さん

た。

「時間がないので途中でパンを買い、車の中でかじりながら四駆で突っ走った」

集会では、林道工事やブナの伐採で赤石川流域の住民がさまざまな危険負担を負う、と訴えたが、驚いたのは地元の人たちの理解が極めて早かったこと、年配の人たちの反応が大きかったことだ。水が減り、川が濁り、アユが捕れなくなった赤石川の変化を、住民は自らの体験を通してよく知っていた。赤石川の水が目に見えて減りだしたのは「旧弘西林道開通後」という点で、住民の話はおよそ一致していた。

村田さんは日本海に近い牛島地区で開いた集会での逸話を語ってくれた。

集会を終えて住民と雑談していたところ、七十歳ぐらいのおばあちゃんが話を始めた。八三年五月、日本海中部地震が発生した。海に近い牛島地区では「津波が来る。山へ逃げろ」とばかりに、住民は一斉に山側に避難した。日本海中部地震は秋田、青森両県で一〇〇人に上る死者を出した大地震で、その多くは津波による犠牲者だったが、そのおばあちゃん、「津波というものも珍しい。一度、見てみたいものだ」と、山に向かわず、逆に海の方に走って行ったのだという。

津波で潮が引くと、海の底が現れた。海の底も、山と同じような盛り上がりの地形になっていた。そして、底の部分にはゴモ（海草）が全く生えておらず、泥ばかりだった。引いた潮が今度は岸に向かって押し寄せてきた。すると、泥水が何本もの柱になって天を突くように吹き上げたというのだ。

「海の底は泥だらけだった」とそのおばあちゃん、泥の柱を見上げたときは、腰を抜かした。

村田さんは別の集会で講演した際、そのおばあちゃんの体験談を紹介した。すると漁師たちはすぐに内容をのみ込んでくれた。「海草が枯れた。コンブも泥をかぶっている」と、漁師たちは海の変化を次々に訴えた。集会の後、鰺ヶ沢町の漁協ではダイバーに依頼して水中写真の撮影を開始し、泥の堆積する様子を記録する作業に取り組み始めた。

「海の底も、山の伐採地と同じで荒廃していた。私たちも住民と話し合ったことでいろんな勉強になった」と語る。

村田さんは弘前高校で根深さんの三年後輩に当たる。山岳部出身で、夏合宿で何度も白神山地に入った。「白神は雨の多い山で、ずぶ濡れになって、よく股ずれを起こした。疲れる山だった」と言う。弘前大学に進学してからも山岳部に入り、白神に親しんだ。

クマゲラ研究でも知られる村田孝嗣さん

村田さんは野鳥の会の会員で専門は「鳥」だ。クマゲラ研究の第一人者でもある。青秋林道反対運動に加わったのは連絡協議会が発足して三年目辺りからだった。

「根深さんたちの訴えに共感した。山に入り、旧弘西林道の様子をよーく見ていた。青秋林道が出来ればどれだけ山の破壊が進むかが分かった。それはもう目に見えていた」

村田さんは、こう語っている。

反対運動がクライマックスを迎えた時期、連絡協議会の会長ポスト（二代目）の重責を担ったのが三上希次さんだ。希次さんに会ったのは弘前市内の歓楽街にある居酒屋である。連絡協議会の人たちがよく利用していた店で、今でも当時のメンバーが出入りしている。「店の主人も、異議意見書集めに走り回ってくれた人だよ」と紹介してくれた。

希次さんも赤石川の集会に何度も通い、林道の無意味さを訴えた。「あれほどの反応があるとは思わなかった。鰺ヶ沢町の人たちはもっと閉鎖的だろうという先入観が誰しもあったが、実際に集会に出てみると、水に対してみんな敏感で、特に年配の人たちが私たちの訴えを熱心に聞いてくれた。吉川隆さんをはじめ、地元の人たちが先頭に立って署名運動に動いてくれた」と言う。

だが、会長ポストにある人間が毎日、赤石川の集会に通うわけにはいかない。弘前市や青森市の地元をはじめ、全国から寄せられた異議意見書を整理しなくてはならず、行政に訴えるにはこの作業が不可欠だった。

異議意見書は、名前を書いて判を押すだけの一般の署名運動のそれとはちがっていた。異議意見書は、①提出先を書いた表紙、②保安林解除の部分に赤線を入れ、場所を特定した五万分の一の地図、

③異議申し立ての意見陳述（二ページ）――の四枚で一つづり。しかも国（農水大臣）あてと、県（青森県）あてと、あて先を変えた同じ内容の書類を二通作らなければならなかった。用紙をそろえて署名をもらい、その署名と地図、意見陳述を確認し、四枚を一つづりにしてホッチキスで綴じる。単純な作業で、かつ膨大な量に上った。

運動の最中、五年間の長期政権を担った中曽根康弘首相が退陣し、後継指名を受けた竹下登氏が第一次竹下内閣を組閣した。農水大臣が加藤六月氏から佐藤隆氏に交替したため、異議意見書のあて先を書き換えなくてはならなくなった。それが全体の量の半分にも達していて、これがまた大変な作業量だった。

「異議意見書の整理は雑用のようなものだが、表面には出ない、目立たない人たちが実際には運動の土台を支えてくれた。それが大量の異議意見書の集約につながった」と、

最も重要なときに青秋林道に反対する連絡協議会の会長を務めた三上希次さん

希次さんは言う。異議意見書の整理は、ＪＲ弘前駅に近い市内品川町の元産婦人科医院二階のアパートの一室で行われた。労山（勤労者山岳会）の工藤豊氏らの斡旋で一カ月ほど貸してくれた。

一日に二〇人、多いときで三〇人ぐらいが、ボランティアで異議意見書の整理作業に当たった。主婦が多く、次いで学生、会社員、公務員、退職者、農業などで、特に釣りクラブの仲間や野鳥の会、労山の人たちが精力的に動いてくれた。夕方、それぞれに差し入れのパンや牛乳、お菓子を抱えて自転車や車で事務所に乗りつけ、作業は午後十一時ごろまで、集計が近づくと午前二時近くまでも行われた。希次さんは気を遣って「もう帰ってくれ」と言うが、「まだ、たまっていますから」と帰らない。希次さんは家庭内でトラブルにならないか心配した。

「運動が盛り上がると、先頭を走っている人間の思い上がりというものが必ず出てくるものだ。白神の運動でも、結果的にそうなってしまった面はある。私は下積みの仕事をしてくれた人たちの意見こそ大事にしなくては、という思いがあった。彼らの意見を集約して、もっと運動に反映させるべきだったが、行き届かない点があったかもしれない」とは希次さんの反省の弁である。異議意見書の整理作業で活躍してくれたのが小山信行、三上正光、江利山寛知、工藤豊、成田久人、石山泰人といった人たちで、そのほか、名前を挙げればきりがない。

ある公務員の場合、職場のコピー機を使って何千通分の異議意見書用紙をコピーしたが、そのコピー代はかなりの額に上った。職場の同僚に昼間、異議意見書の整理を手伝ってもらいもした。しかし、コピー代の問題を上司に告げ口する同僚はいなかったし、上司もまた職場で行われていた異議意見書の整理作業を黙認してくれた。「弘前の街に吹く風は、白神の山を越えてやってく

異議意見書の整理作業が、深夜まで行われた（1987年11月12日夜、弘前市品川町）

る。水も白神から流れてくる。弘前市民の命の源こそ白神にある。そこに林道を造るのはおかしいと、みんな気付いてきたからだ」と、この人物は話している。

市内の公立病院に勤務する内科医夫婦がいた。このお医者さん夫婦は、一族を総動員して数百通もの異議意見書を集め、持ってきてくれた。その夫人こそ、希次さんが開いたブナ観察会に参加して、熱心に勉強していた女性だった。

希次さんは望んで会長ポストに就いたわけではなかった。図らずも会長に担ぎ出されたが、それまで自分なりに連絡協議会の活動の在り方に疑問を持っていた。理屈ばかりが先行し、行政との駆け引きで運動を進めようとしてはいないか。組織運営も上意下達式だ。希次さんの眼にはそう映った。市民運動とは、そういうものではないはずだ。自分が責任者になった以上、「誰にでも分かるような幅広い市民運動を目指そう」と考えた。

会長になって重点を置いたのが一般市民を対象に、白神の現場を見てもらうブナ観察会だった。会長在任中、櫛石ノ平の伐採地を中心に一五、六回のブナ観察会を開いた。一回に三〇人、多いときは一〇〇人も参加してくれた。釣りクラブの仲間が裏方になって、弘前で大がかりな白神フォーラムを開いた。異議意見書の署名運動やその整理に駆けつけてくれた人の多くは、そういったブナ観察会やフォーラムに参加してくれた人たちであり、「結局は、その人たちが異議意見書集めで一番の力になってくれた」と言う。

赤石川の集会に行かなくてはならない。異議意見書集めや、整理作業のまとめ役をしなくてはならない。マスコミ取材の対応もあった。そして自分の経営する店の番をしなくてはならない。この時

三上希次会長（左）を先頭に、3500通の第１次異議意見書が青森県農林部に提出された（1987年11月5日）

期、希次さんは身も心もパンク寸前の状態だった。

店には毎日、白神のブナ原生林保護運動を激励する電話が入った。「頑張ってください。私も異議意見書に署名したい。用紙を送ってください」といった内容で、運動期間中、こうした電話は合計三〇〇件ほどあった。自然保護グループなど団体からの申し入れは五、六件程度で、大半は個人からのものだった。一人に用紙一通を送ると、相手はその用紙をコピーして五人分、一〇人分の異議意見書を集めて封筒に入れ、返送してくれた。異議意見書は仙台市、山形県など東北一円から、東京都、千葉、神奈川県など関東一円、遠くは京都市、大阪市、岡山市、松山市などから寄せられた。「本当は弘前まで行ってお手伝いしたいんだが」と、カンパを添えて送ってくれた人もいた。連絡協議会に「軍資金」などなきに等しく、そのカンパがどれだけありがたかったかしれない。

励ましの電話ばかりではない。実際に弘前に引っ越しして手伝ってくれた人もいた。それより三カ月ほど前のこと、学生風の若者が、ふらっと希次さんの店を訪ねてきて「白神の運動に興味がある。私に手伝えることはないでしょうか」と申し出た。関東出身らしいその若者は、労山の事務所に寝泊まりしたり、弘前大学の近くにアパートを借りるなどしながら希次さんの店に通った。異議意見書集めや整理作業が始まると、寝食を忘れて動いてくれた。運動が峠を越えると、その若者はどこかに姿を消し、消息が分からなくなってしまった。運動参加の形態はさまざまあった。

希次さんは東奥義塾高校山岳部の出身。母親が飲食店を経営し、その店が弘前大学の山岳部の学生たちのたまり場になっていて、小さいころから山の話を聞かされた。中学三年のときだ。山岳部の学生に連れられ冬の岩木山に入った。ところが猛吹雪に遭い、雪洞に四日間閉じ込められ、下界では

第１次異議意見書を提出した後、記者会見。左から奥村清明、三上希次、三上正光、江利山寛知の各氏

大騒ぎになっていた。根深さんらと三人で、夏の白神を初めて横断したのが二十歳のときだった。イワナがピラミッド型に群れをつくり、何百匹と泳いでいた。滝を二〇ぐらい上った。クマに遭い、稜線でサルの鳴き声を聞いた。白神の第一印象は強烈なものだった。高校を卒業して上京したが、母親の世話をしなくてはならなくなりUターン。職を転々とした後、アウトドア店を開いた。再び、白神に入り、釣りや山菜採りをして楽しんだ。東京時代は神奈川県の丹沢辺りをよく歩いたが、物足りなかった。ふるさとに戻って、白神の素晴らしさをあらためて感じた。

青秋林道の反対運動に参加したのは「あそこに道路を通されれば、自分の遊び場が荒らされる」という単純な発想からだった。

運動がクライマックスを迎える半年前から、希次さんは内蔵を患い病院通いをしていたが、この時期、病院にも行けなくなった。根深さんや菊池さん、村田さんらが「前線基地」の赤石川の集会に通っていたころ、希次さんは病を押して赤石川に通い、一方で「本丸」の弘前で異議意見書集めの陣頭指揮を執っていた。もう店は商売のできる状態ではなかった。

青秋林道建設に「待った」をかける異議意見書の第一次集計が行われた。その数は運動がスタートしてわずか半月で青森県側約二〇〇〇通、秋田県側約一五〇〇通の合計約三五〇〇通に達していた。その前夜、弘前市品川町の労山事務所では午前二時まで集計作業が行われた。

八七年十一月五日午前、三上希次会長を先頭に、青森県側が三上正光氏（日本野鳥の会弘前支部）と江利山寛知氏（青秋林道に反対する連絡協議会会計担当）、秋田県側が奥村清明氏（白神山地のブナ原生林を守る会事務局長）と高山泰彦氏（秋田県野鳥の会会長）が代表となり、計五人が青森県庁で第一次集計分の約三五〇〇通の異議意見書を提出した。大量の異議意見書は五個の段ボール箱に詰め込まれ、希次さんらは手押し車に載せて県庁内を運んだ。提出先は工藤俊雄農林部長。キリリとネクタイを締め、青森県幹部の前に立った希次さん、生涯の晴れ舞台であった。異議意見書を提出した希次さんは、工藤農林部長に告げた。

「これは単なる署名ではない。異議意見書であり、その背景には何倍もの多くの人々の声がある。青森県知事は、勇気をもって青秋林道の建設中止を決断してほしい」

工藤農林部長は「遺漏ないよう書式を調べ、国（林野庁）に進達する」と述べた。

希次さんはさらに「林道完成後、仮に災害が発生した場合、秋田県の八森町が災害補償するという約束はしてあるのか」と質問した。工藤農林部長は「約束はしていない。土砂流失のない工事をお願いしている」と答えるのにとどまった。

異議意見書を提出した後、希次さんらは記者会見して、次のように語った。

「三五〇〇通の異議意見書は戦後最大であり、最終的には五五〇〇通を超える見込みだ。直接の利害関係者たる赤石川流域住民に限っても七〇〇通は超すだろう。われわれは地元で多数の集会を開き、住民の意見を聴いてきた。赤石川源流に林道が出来て災害が発生したら、誰が責任を取るのか。住民には林道を造る計画さえ知らされていなかった。戦後最大の異議意見書を、もし林野庁が門前払いしたとしたら、国民はそれを認めるのか」

異議意見書を受け取った工藤農林部長は、記者団の質問にこう答えた。

「相当の人が関心を持っている一つの運動であるとの理解を持っている。道路一本でめちゃくちゃな開発をするわけではないが、果たして手付かずで残すのがいいのかどうか。ともかく何らかの対応をしなくてはならないだろう」

青森県側は、大量の異議意見書に明らかに戸惑っている様子だった。だが、この段階に至っても、反対運動に取り組んでいる人たちの中で、青秋林道が実際に止まると予想した者は、誰一人としていなかった。

第3章

青森県知事の決断

逆流

第一次集計の約三五〇〇通の異議意見書が青森県農林部に提出された翌日の十一月六日午前、県庁二階の応接室で知事の定例記者会見が行われた。定例記者会見は毎月一回、県政の諸問題について知事が方針を出し、記者が質問する。知事と記者との質疑応答が行われる場であった。青森県政は、核燃料サイクル基地やむつ小川原開発、下北半島の原発計画、東北新幹線延伸問題など重要課題を数多く抱えていた。貧しさ故に、また本州の北端に位置し、その地理的環境、軍事的意味からしても青函トンネルや米軍三沢基地など国策の大きな事業が県政と密接にかかわっており、原子力船「むつ」の問題も、まだけりがついていなかった。記者の目から見て、青森県知事のポストにある人物ほど多忙な知事は、全国の知事の中でもそう多くはないだろうと思われた。

しかし、この日の定例記者会見が開かれた月に限っては、これらの問題の具体的な動きが何も日程に入っていなかった。青秋林道は十年、二十年単位で総額三一億円の事業であり、年間にすれば両県で一億円余の事業にすぎず、県政の重要課題というほどでもない。記者の側からしてもこの問題に興味を持つ者と持たない者では、ニュースの発信に大きな差があった。「青森県で自然保護運動など成功するはずがない」と、記者の多くは高をくくっていた。自然保護の問題をあまり熱心に取材すると周囲からアカ呼ばわりされたり、記者仲間の間でさえ変人扱いされたりした。自然保護運動や環境問題がまだ市民権を得ていなかったのである。しかし、この十一月に限っては、県政の話題は青秋林道の問題以外に、何もない月だった。

十一月の県政記者室の当番幹事は、地元の民放会社になっていた。当たり障りのない県側の説明が終わった後、当番幹事の民放記者が「ところできのう、青秋林道反対の異議意見書が出されましたが、知事はどうお考えで？」と水を向けた。

青森県知事は北村正哉氏で当時三期目、権力の絶頂期にあった。その北村知事が言う。

「よくまあ、こんなにたくさん集めたものだ。これから、もっと出るだろう。こんなに出るんだから、それなりに何らかの根拠があってのことだろう」

民放記者は一瞬顔を引きつらせ、驚いた様子で「ということは……」と続けた。北村知事は続けて次のように語った。

「三五〇〇通の数を全く無視するつもりはない。バタバタと駆け足で工事を急ぐ必要もないだろう。推進派、反対派双方はそれなりに言い分があるのだから、両方の主張を満たせるような方法がないか、多くの人が話し合ってはどうか。場合によっては私自身が（事業主の秋田県と反対派との）話し合いの仲介に入ってもよい。林道周辺の木はもう切れないのだから、今までの概念にない新しい形での道路は考えられないか、それらを含めて検討の余地がある」

知事の発言に居並ぶ記者たちは、わが耳を疑い、同席していた副知事以下の県幹部もキツネにつまれた様子だった。青秋林道は青森、秋田両県の共同事業であり、北村知事自身が一方の最高責任者

「多数の異議意見書は無視できない」と、青秋林道建設見直しを発言した北村正武知事（中央）。知事発言で、流れは全く変わってしまった。左が山内善郎副知事（1987年11月6日、青森県庁内で開かれた定例記者会見）

である。たった今語った知事の発言は、その最高責任者が事業そのものを見直すという内容だ。「これは大ニュースだ」――記者たちは一斉に記者室に走り、ニュースの発信に取りかかった。

「北村・青森県知事、青秋林道建設見直しに積極姿勢、話し合いの仲介も」「知事が柔軟姿勢示す、両者の対話を強調」「知事、柔軟な対応示唆、異議意見書無視できぬ」――新聞もテレビも知事発言を大きく取り上げ、青森県全域、東北地方全体にニュースで伝えた。新聞やテレビ局にコメントを求められた連絡協議会の三上希次会長は「知事の発言に敬意を表したい。私たちはいつでも話し合う用意がある」と述べ、根深誠さんは「民主的で立派だ。心が明るくなった。今、必要なのは対立した意見ではなく、知恵を出し合い解決策を考えることだ。私たちの意見も聴いてもらいたい」と語ったが、コメントを求められた自然保護団体の人たちも突然の知事の見直し発言にキツネにつままれたかのような様子だった。

北村知事の見直し発言は即座に全県下に伝わったが、「知事はどうしてあそこまで踏み込んで発言したんだろう」――県庁内でも記者室内でも一般市民の間でも、そして夜の飲食店街でも、農村でも漁村でも、人々は首をかしげ、口々に話題にした。難問山積みの北村県政だが、裏を返せばその多くが住民運動との対峙の歴史である。それが、青秋林道の問題では知事自身が発想を一八〇度転換して住民運動を後押しする姿勢に出たのである。誰もがキツネにつままれた思いを抱くのは無理なかった。真意は今ひとつ分からないが、やがて「知事さん、よくぞ言ってくれた」と北村知事の英断にエールを送る新聞投書が掲載され始め、県民世論が青秋林道の反対運動に本格的に注目しだした。

知事の見直し発言が飛び出した時期は、ちょうど異議意見書集めの折り返し点を回った辺りだった。赤石川流域での集会や弘前市内で行われた異議意見書集めは、バックから知事の見直し発言の援護射撃を受けて「それ行けーッ」のイケイケムードに早変わり、署名は加速する勢いで集まった。知事の見直し発言によって突然、干潮が満潮に変わり、潮が怒濤のごとく岸壁に打ち寄せるように、青秋林道を取り巻く環境は、全く「逆流」してしまったのである。

一カ月の署名運動期間を終えて、最終となる第二次の集計が行われた。異議意見書の総数は、第一次集計分と合わせて一万三二〇二通と、わが国の林政史上、最大にして空前の規模。連絡協議会の当初の目標は、大風呂敷を広げて青森県側一〇〇〇通、秋田県側五〇〇通の計一五〇〇通としたが、結果は目標の十倍近くに迫った。十一月十三日、三上希次会長ら代表四人は第二次集計分の異議意見書九七〇〇余通を段ボール十八箱に詰め、手押し車に載せて青森県農林部に提出した。提出に当たって三上会長は「北村知事の見直し発言は、住民の声を率直に受け止めたものとして評価できる。林政史上かつてない多数の異議意見書を行政に反映し、日本に残された最後のブナ原生林を守ってほしい」と訴えた。第一次集計分の異議意見書を提出したときより、三上会長の姿が大きく見え、訴えの声は自信に満ちていた。

異議意見書提出は鹿児島県志布志湾の巨大開発などで過去に三例あるが、いずれも一四〇通以下。総数一万三二〇二通は、けた違いの数だった。全体の数の多さもさることながら、注目されたのは地元住民からの数の多さだった。直接の利害関係者と想定された赤石川流域住民は、有権者二六九二人のうち一〇二四人が署名した。農家の主の多くがこの時期、出稼ぎに出ていたのを考慮すれば事実上、一カ月足らずの署名運動で、半数近い住民が青秋林道建設に「待った」の意思表示をしたといえる。「地元の要望」で着工したはずの林道建設だが、赤石川流域住民から寄せられた多数の異議意見書は、この前提条件を突き崩すものだった。

第二次集計の異議意見書を提出した後、三上希次会長は記者会見して、青森県民にこう訴えた。

「青秋林道は住民の願いで造られる計画になっている。しかし異議意見書が示すこの数字は、住民が本当は林道建設を願っていないのを表しているものだ。住民には林道計画は何も知らされていなかった。昭和二十年に八七人の死者を出した大然の大水害を記憶している人がたくさんいた。奥赤石川林道が出来て奥地まで伐採が進み、赤石川の水が濁り、水が減ってアユが捕れなくなり、サケの養殖事業も危うくなってきた。住民は水の変化を肌で知っていた。『水を汚す原因をつくってはならない』という意識が、住民にはある。白神山地は今、全国から注目されている。知事の英断で凍結してもらいたい。そうすれば全国の人たちから素晴らしい知事と評価されるだろう。秋田県に強引に押されて自然破壊する必要はない。われわれは話し合いの用意をしている」

「数の重み」を最終的にどう判断するのか。ボールは自然保護団体と住民の側から、青森県と秋田県、その背景にいる林野庁に向かって投げられた。

北村知事の見直し発言後、「逆流」をさらに決定づけたのは、第二次集計の異議意見書が提出されて一週間後に開かれた十一月二十日の青森県議会常任委員会の場であった。

環境厚生委員会で口火を切ったのは清藤六郎氏（自民）で、「白神山地は双眼鏡で見ても崩壊の様子がよく見える。砂防ダムを造っても一、二年で埋まってしまうし、一時的に土砂流出は防げても山

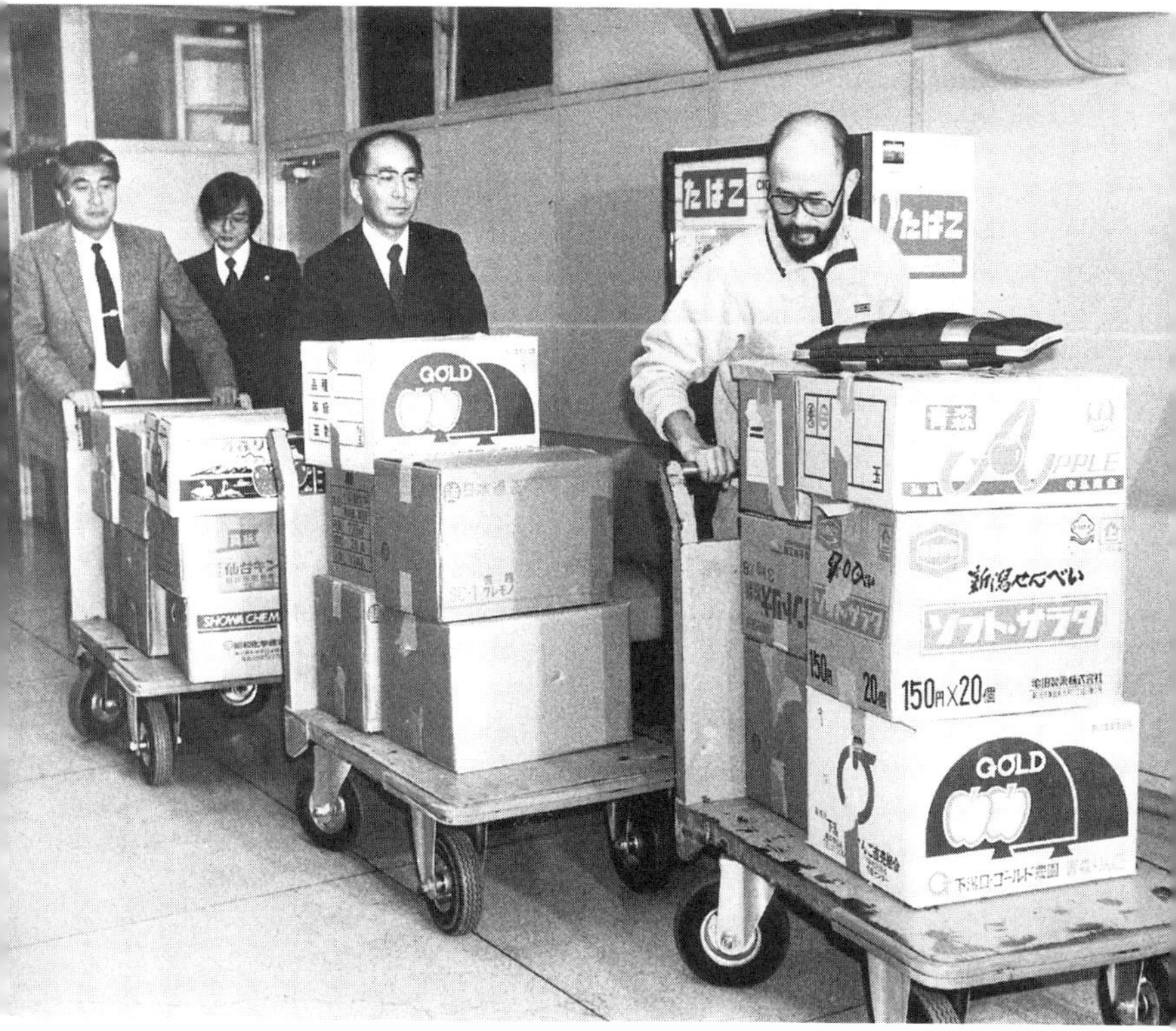

第２次分の異議意見書を段ボール18箱に詰めて提出する三上希次会長と小山信行、三上慶一（弁護士）、三上正光の各氏

自体は崩れていく。工事を急ぐ必要はない。原生林に手を付けるべきではない」と県当局に事業の見直しを求めた。清藤氏は津軽地区出身で、若いころから狩猟が趣味で地元の山を歩き、山の事情をよく知っていた。知事の見直し発言のずっと以前から、青秋林道の問題を熱心に議会で取り上げていた議員だった。

続いて成田守氏（自民、後、五所川原市長）が「県土の貴重な財産を今日まで一体、林野庁が何をしてくれたのか」と林野行政を批判、「林道建設が生態系を破壊するのは素人でも分かる。農業や漁業にも大きな影響が出るのは目に見えている」と訴えた。木村公麿氏（共産）も「知事も駆け足で決めるのは避けなければならないと言っている。当面、凍結を求める」と言い、浅川勇氏（社会）も「当面、凍結したらどうか」と言い、山田弘志氏（自民）も「青秋林道には反対だ」と語った。

隣の部屋で開かれていた農林委員会でも青秋林道建設見直しを求める意見が相次いだ。見直しを求めたのは長峰一造氏（自民）、工藤章氏（共産）、細井石太郎氏（社会）ら。関係する二つの常任委員会で、与野党の大半の議員が青秋林道の凍結を求めたのである。

常任委員会で口火を切った清藤六郎氏をはじめ、それまで自民党議員の中にも公式、非公式に青秋林道建設に異議を唱える議員が何人かいたが、県当局は「推進」の立場を変えず、林道反対派は与党内では極く少数だった。それが、知事の見直し発言で足かせが外れ、「おれもおれも」とばかりに雪崩を打って林道凍結派に回った。野党はともかく与党自民党からの〝凍結攻勢〟は、事務方にとっては限りなく重く、答弁に立ち、矢面に立たされた形の工藤俊雄農林部長の表情はさすがに硬かった。

それから一週間後の十一月二十七日、県議会の自民党議員控え室で自民党青森県連の議員総会が

自民党青森県連の議員総会で再度、青秋林道見直しを発言、理由を述べる北村正武知事。後方の席、右側に座っているのが工藤俊雄農林部長（1987年11月27日）

開かれた。北村県政を支えているのが自民党青森県連で、県連の支持がなければ北村県政は成り立たない。この場で環境厚生常任委員長の工藤省三氏が、委員会で青秋林道凍結を求める意見が大勢を占めたことを報告、県当局の見解をあらためて求めた。工藤農林部長は林道建設に至るまでの経緯を説明、「一万三〇〇〇通余に上る異議意見書が出され、今後は林野庁による聴聞会が開かれる。秋田県との意見調整の手続きもある」と述べたが、建設の是非については明確な答弁を避けた。

議員総会の場には北村知事自身が出席、県議団を前に、自らの考えを説くように次のように語った。

「開発の問題というのは、開発によって得るメリットが、開発によって失うものよりはるかに大きくなければならない。だからこそ開発によって失うものを補償するという手法が生まれる。青秋林道は果たしてどうか。林道建設によって文句なしの絶大なメリットが生まれるものか、私自身、明確な判断がつかない」

定例記者会見に続いて、北村知事は再度、林道建設に慎重姿勢を表明した。「青秋林道を建設して、果たしてどれだけの利益があるのか。林道建設によって、林道建設で失うものを償い得るほどの利益が生まれるものなのか」という投資効果を疑問視する見方——北村知事はメリット・デメリット論から事業の見直しを決断したことを明らかにした。さらに北村知事は「この事業は、秋田県との共同事業であるという点に、問題の難しさがある」と付け加えた。この言葉の意味するところは、共同事業の相手方である秋田県を刺激せず、林道凍結に向けていかに事態を収拾させるかが今後のポイントであると、自民党県議団と県幹部に示唆したものだった。

知事の説明が終わって議員総会は会議に入った。各議員からは次のような意見が出された。

「青秋林道の建設目的は、一体、何だったのか。県当局の意思が統一されていないのでは困る」

「各人が勝手なことばかり言っていたのでは、県民に不信感を増幅させるばかりだ」

「私も十二年間、議員生活を送っておりますが、与野党こぞって県の事業に反対するなど初めての経験であります。意見集約をみないで本会議に臨んでよいものでしょうか」

「勉強会を開いてみる必要がある。それが一番大事なことだ」

「本会議の一般質問までに、政調会で取りまとめをしてはどうか。すり合わせをしなければ、公党としておかしくなる」

「方向性を決めないで、自由に質疑する方法もある。その後に政調会がまとめればよい」

議員総会では結局、十二月県議会の一般質問が始まる前までに、取りまとめを政調会に一任することで合意した。

自民党青森県連の政調会長は金入《かねいり》明義氏だった。八戸市出身で、県議当選三回。四十二歳の若さで党三役の重要ポストの一翼を担っていた。

政調会の動きは素早かった。金入会長と政調会のメンバーは議員総会が開かれた日の午後、県庁内の一室で、非公開で農林、環境厚生両委員会の委員から意見聴取を行い、続いてその後の日程を決め、記者発表した。

それによると十二月一日、地元を会場に青秋林道期成同盟会の四町村（西目屋村、鰺ヶ沢町、深浦町、岩崎村）から意見聴取を行い、翌二日は秋田県八森町に入って建設予定地の現地を視察、同時に八森町を会場に秋田県農林委員会や自民党秋田県連政調会と意見交換を行う。翌三日までには政調会としての意見を集約したい、というものだった。「本当にこんなスケジュールをこなせるんですか」と記者から質問が出るほどの強行軍だった。住民運動のために自民党自身が動く。記者たちも経験がなく、事態の急展開に半信半疑の様子だった。

その日夜、県政記者室に二人の地方紙の記者が居残っていた。

「ちょっと待てよ。政調会では首長から意見を聴くと言うが、首長からだけ意見を聴いたのでは政調会が首長のペースにはまってしまうんではないか」

「それもそうだなあ……、それでは元も子もなくなる。そうだ、金入さんに頼んでみようか」

二人は、こんな話をした。間もなく県政記者室から記者が、八戸市に帰っていた金入会長の自宅に電話を入れた。

「金入さんは期成同盟会の首長から意見を聴くと言いますが、首長からだけ意見を聴くのでは不公平ではないですか。なぜ自然保護団体からも意見聴取をしないんですか」と、記者は問い掛けた。

金入会長は「ン……」と考えて、間もなく「よろしい、聴きましょう。自然保護団体の人たちの意見も聴きましょう。十二月一日夜、会場のホテルに来るように、記者の方から自然保護団体の人たちに伝えておいてください」と回答してきた。

県政記者室から、記者は直ちに弘前市の根深さんの自宅に電話を入れた。

「根深さん、聞いてください。自民党が自然保護団体の意見を聴いてくれるって言うんだ。十二月一日夜、みんな集めて来てください。直接訴えられるのは、その場しかない。チャンスは今だ」

津軽地方はこのころ、すっかり深い雪の季節に入っていた。

自民党政調会動く

一九八七年十二月一日は時折、吹雪模様の天候で、寒い一日だった。自民党青森県連政調会の青秋林道期成同盟会四町村と自然保護団体に対する意見聴取は、鰺ヶ沢町に隣接した深浦町の観光ホテルの会議室を会場に行われた。

自民党から出席したのは金入明義会長以下、成田守、丸井彪、秋田柾則、冨田重次郎、山田弘志、平井保光、佐藤純一、小比類巻雅明氏の九人の政調会メンバー、それに選挙区に西目屋村を抱える地元選出の石岡朝義氏の計一〇人の県会議員。期成同盟会は西目屋村の三上昭一郎村長、鰺ヶ沢町の今清助役、深浦町の福沢貞三収入役、岩崎村の小山真人村長といった顔触れだった。県政記者室の記者たち十数人も吹雪の中を車で飛ばし、大挙して深浦町の観光ホテルに入った。

四町村の首長らを前に金入会長は「青秋林道の問題について自民党としての方針を決めるので、地元の人たちの忌憚《きたん》ない意見を聴きたい。われわれは白紙で臨み、推進派、反対派の双方から公平に聴き、判断したい」とあいさつした。青秋林道の青森工区を抱える西目屋村の三上村長は特に発言を求め、「私は六期目であり、この問題をよく知っている。このような会合を開くのは遅きに失した。みなさんに問題の流れをお知らせしたい」と語った。

期成同盟会からの意見聴取は午後四時半から、非公開で行われた。四町村の首長らははじめ「林道は、林業のために必要」など一般論的な話をしたという。金入会長は「そんな建て前論を聴くために、われわれ県会議員一〇人が、がん首をそろえてここにやって来たのではない」と、これを一喝。「林道を通すのが果たして青森県のためになるのかどうか」を命題に、そこから本音を聴く本格的な議論に入っていった。

期成同盟会からの非公開の意見聴取を終えて午後七時ごろ、会場で記者会見が行われた。

金入会長は「鰺ヶ沢町では旧弘西林道の開通によるブナ伐採で水が減り、井戸水が赤茶けたりして町当局も影響を心配しており、青秋林道には慎重に対応したい、と言っている。また西目屋村では青秋林道でなければならないということはない。ルート変更も考えられる、と言っている」と議論の概略を説明した。期成同盟会発足の趣旨は森林資源の開発にあったが、時代も変わり、スタート時点のように四町村の考え方は必ずしも一致していない。林業は山村の生活を守る糧の一つとの考えは共通しているが、青秋林道についてはルート上にない深浦町や岩崎村は消極的賛成であり、危険負担だけ負う鰺ヶ沢町では、建設を疑問視する意見が町民の間に広まっている——記者会見の内容は、このようなものだった。

重要なのは非公開の場で、西目屋村の三上村長が「現ルートに、こだわらない」と発言した点だ。第一章で述べたように、西目屋村では目屋ダムによる水没農家の代替補償として民有林までの林道建設を県に陳情したのであって、原生林を縦貫し、峰越しして秋田県と結んでほしいと要望したわけではなかった。政調会が西目屋村長から「現ルートは絶対ではない」という本音を引き出したのが、この場で行われた意見聴取の大きなポイントになった。

記者会見の後、政調会は同じ会場で今度は相手を入れ替え、自然保護団体からの意見聴取を公開で行った。自然保護団体側から出席したのは連絡協議会の三上希次会長以下、根深誠、村田孝嗣、工藤豊の各氏。それに赤石川流域住民の石岡喜作さん、弘前大学の牧田肇教授、東北女子大学の斎藤宗勝・助教授らで計一〇人。これらの人たちは政調会と質疑応答の形で、次のように訴えた。(発言順)

●三上希次会長の訴え

「事業の見直しを語った北村知事の発言を、われわれは高く評価している。青森側に食い込んで秋田側が工事を行う鰺ヶ沢ルートは、たとえれば隣の芝生に他人が泥足で入り込むようなもので、住民が怒るのは当たり前だ。秋田県の八森町側は木を皆伐してハゲ山状態。これが何を意味するのか。多数の異議意見書を尊重し、自民党は党としてぜひ、青秋林道の中止を考えてほしい」

●村田孝嗣さんの訴え

「白神は日本一のブナ原生林、後進県だからこそ自然が残った。発想を転換して貴重な財産のその価値を見いだすべきだ。白神は、そこにいる記者の人たちがたくさん書いてくれたおかげで全国に有名になった。広告費で計算すれば五億円にもなるといわれる。それならば、今ある旧弘西林道を活用して自然教育に利用するなどの方法もあるはずだ。われわれは地元で集会を開き、住民の話を聴いて感じ入った。旧弘西林道はさまざまなキャッチフレーズを掲げて造られたが、結果は裏切られ、木は切られ、川は汚れ、海に藻が着かなくなって漁業にも影響が出ている。森を守ることこそ、農業や漁業、住民の生活を守ることだ」

自民党青森県連政調会に訴える自然保護団体と住民。前列右から根深誠、三上希次、石岡喜作の各氏。後列右から斎藤宗勝、村田孝嗣氏

●根深誠さんの訴え

「われわれは白神の四万五〇〇〇ヘクタール（当時は全体の面積も過小に見られていた）のブナ林のうち、原生的環境を保つ核心部の一万六〇〇〇ヘクタールの保護を訴えている。西目屋村の村長が言っているのは人工林の中の話だ。われわれも原生林の周辺部は地場産業育成のために使うのには反対しない、と言っている。白神を越える道路は、既にその東に奥地産業開発道路があるのに、わざわざ原生林を分断して道路を通す意図はどこにあるのか。八森町が赤石川のブナを切ろうとしたのが林道建設の当初の目的だった。今は木を切れなくなったから、今度は道路を造って観光客を入れて、アベックにブナを見てもらうと言うんですよ。赤石川のブナは青森県の資源だ。過疎脱却の夢を見るというなら、自分の寝床で見ろ。青秋林道は、八森町の地域エゴがつくったものだ。赤石川の住民には何の説明もなかったし、八森町から鯵ヶ沢町に林道を入れる必要などどこにもない。北村知事の発言は、健康な人の発言だと思う。日本最大の原生林は、分断しては価値がなくなってしまう。自然教育とは汗を流して山に入るからこそ意味があるのであり、そうしてこそ人間は変わるものだ」

●石岡喜作さんの訴え

（「赤石ダム建設で水を売ったから、赤石川の水が減ったのではないか」と言う秋田柾則議員からの質問に対して）――「ダムが出来たから水が減ったのではない。その後のブナ伐採で水が減ったんだ」

●牧田肇教授の訴え

「白神山地は七〇〇〇年前からブナ林があり、遺伝子資源として大変な価値がある。原生林を丸ごと保存してこそ意味がある。道幅四メートルの道路一本とはいっても、車の排ガスの問題ではなく、その道路を風が吹き通ることで周りの木が枯れてしまう。これは南アルプスのスーパー林道や富士スバルラインでも既に実証されている」

●斎藤宗勝・助教授の訴え

「コア（原生林の核心部）を残し、周辺部を活用する方法を検討してほしい」

自然保護団体からの意見聴取を終えた金入会長は「わが自民党にも健康的な考え方を持った人間がたくさんいるのを、知っていただきたい。私たちは白紙で臨んでいる。推進派、反対派、それぞれの言い分に一理ある。腹を割って話し合えば、必ず一致点を見いだせるはずだ」とあいさつして締めくくった。

意見聴取を終えて、根深さんは次のような感想を語った。

「金入っていうのは、一体どこの政治家だ。青森県にあんなすごい政治家がいたのか」

青森県は、県西部が「津軽地区」、県東部が「南部地区」と呼ばれ、藩政時代はそれぞれ津軽藩と南部藩の領地だった。津軽藩と南部藩は長く対立関係にあり、それが現代までも尾を引き、津軽の人は南部の事情をよく知らず、南部の人は津軽の事情をよく知らない。人情も気質も地域性もまるで違う津軽と南部が、一緒になって一つの県になったのが青森県である。「金入って、どこの政治家だ」と、津軽人の根深さんが驚くのも無理はなかった。金入会長は南部地区の中心都市である八戸市の出身で、早稲田大学時代はアイスホッケー部の主将を務め、六七年の大学選手権で優勝した経歴を持つ。「山」とは無縁だったが、それにしても南部人の金入氏は、政調会長として調査に乗り出すまで白神山地の名もよく知らず、その山が一体どこにあるのか、まるで分からなかったという。しかし自身が、津軽地区にはじめから何の利害関係も持っていなかったことが、かえって調査活動に幸いした。

期成同盟会と自然保護団体の双方から意見聴取を終えた金入会長は、「だんだんと、問題が見えてきましたよ」と記者に語り掛けた。西目屋村の村長は「現ルートにはこだわらない」と言う。一方、自然保護団体側は赤石川上流に食い込む秋田県の「越境ルート」を厳しく批判する。金入会長は、この「ルート」の問題が、その後の問題の行方を左右するカギを握っているのに気付き始めた。

翌日の十二月二日、自民党青森県連政調会は深浦町から秋田県の八森町に入り、県政記者室の記者たちもそのまま同行して八森町に入った。この日はさらに天候が荒れ、朝から吹雪になった。一行は建設予定地の現場を見ようと青秋林道の八森口から入ったが、登るにつれて猛吹雪となり、それ以上、現場に近づくのは困難と判断、三分の一ほど登った所で引き返した。

下山後、八森町の青少年の家を会場に秋田県側との意見交換が行われた。政調会の県会議員たちはここでまず、八森町の助役、議長、町議らから、青秋林道建設を推進してほしいという「逆陳情」を受けた。

■助役の陳情

「八森町は秋田県の最北端に位置する町で、過疎は進むばかりだ。弘前と結んで交流を盛んにして、自然との調和を図りながら過疎の町で地域おこしをしたい。今は広葉樹は伐採していないし、八森町は昔から植林熱が盛んな町で、原生林と伐採する森とを区別しながら保存したい。青秋林道は私ども

図4　自民党青森県連政調会の調査活動

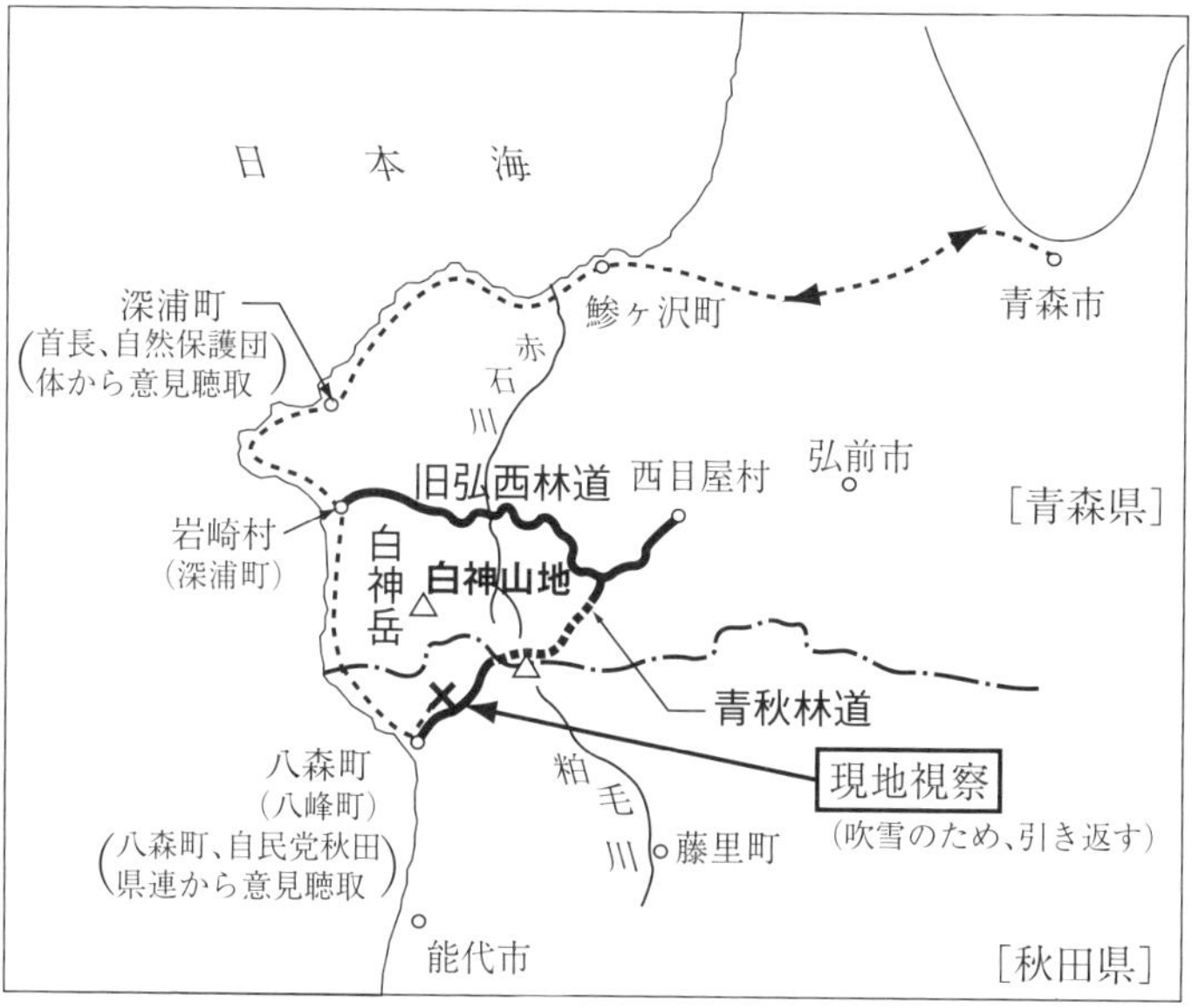

の悲願であり、長い目でこの林道を理解してほしい」

■議長の陳情

「青秋林道の周囲のブナは、今でも伐採していない。林道を造っただけで活性化するというわけではないが、町ではブナ林をみんなに見てもらうために観光施設を造る計画を立てている。一〇万人でも二〇万人でも、いくら人が入っても山が荒らされることはないと考えている」

■ある町議の陳情

「八森町は、今は木の伐採をしていない。伐採しているのは、むしろ藤里町の方だ」

しかし、自民党青森県連政調会のメンバーが、八森町の「逆陳情」を額面通り受け止めるはずはなかった。八森町側は「今は広葉樹を伐採していない」と言うが、夏場に現場を見れば分かるように、八森町では青森県境まで既にほとんどのブナを伐採し尽くしていて、それ以上、切るブナがないのである。八森町側は多くは民有林であり、伐採はある程度はやむを得ないとはいえ、ブナを切り尽くし、枯れ果てた杉の造林地が稜線まで広範囲に広がる様子は惨憺たるものだ。八森町の議長は「観光施設を造ってブナを見てもらう」と訴えた。しかし八森町側にはブナが残っておらず、観光客に見てもらうというのは原生林が残っている青森県側のブナである。そういった状況を自民党青森県連政調会のメンバーは前日夜、深浦町の観光ホテルで行った自然保護団体からの意見聴取の場で聞かされていたのである。

八森町の首脳部には、利用しようとする資源が青森県側のものであるという認識が全くなく、まして林道予定地下流の赤石川流域住民に配慮する言動は一切なかった。筆者自身、会場の記者席からこの八森町の「逆陳情」を聞いていて、青森県側との認識の、あまりの隔たりの大きさに愕然とさせられた。

八森町から「逆陳情」を受けた後、同じ青年の家を会場に、今度は自民党青森、秋田両県連政調会の合同会議が開かれた。秋田県側から出席したのは自民党秋田県連政調会の高久正吉会長と伊藤憲一副会長。伊藤氏は秋田県議会の農林委員長も務めていた。それに秋田県庁の林務部幹部が出席した。この席で高久会長らは秋田県側の情勢を、青森県側に次のように伝えた。

「青秋林道の問題については、秋田県議会の自民党内では表立って反対意見は出ておらず、反対を決めているのは共産党だけ。他会派の反対は表面化していない。秋田側では北村青森県知事の見直し発言に、正直言って戸惑っている」

吹雪の中、青秋林道秋田工区を視察する自民党青森県連政調会。左が金入明義会長
(1987年12月２日、秋田県八森町)

「確かに林業だけを考える林道の時代は終わった。森林との触れ合いや遺伝子資源の価値を考え、林道と自然との調和を最大限に考えなければならない。世界一のブナを、一般の人にも見てもらえる機会をつくる。教育の場に活用する方法もあるのではないか」

一方、自民党青森県連政調会は、青森県側の状況を次のように伝えた。

「青森県では旧弘西林道の開通によるブナ伐採で赤石川の水が減り、内水面漁業などさまざまな方面に影響が出ており、北村知事の見直し発言は、地域住民の危機感をくみ取ったものである。しかし、青秋林道は秋田県と合意した上で事業を進めた経緯もある。どうか青森県の背景を御理解の上、対応していただきたい」

「青森県では自民党の中で意見が分かれており、次の議会でほとんどの議員が取り上げる見込みだ。反対する側にもそれなりの背景があるだろうし、白神山地に対する営林局の施業計画も変わってきている」

林道建設と原生林の保護をどう両立させるか。双方の議論は続いたが、秋田県側は終始、北村青森県知事の見直し発言をどうとらえたらいいのか、戸惑った様子だった。

そんな議論が続く中、青森県側の金入会長は「大事な自然を守りながら、町や村の活性化を図らなければならない。青森側では旧弘西林道の開発でいろいろな問題が起きていることが報告されている。たかが四メートルの道路でも遺伝子資源に影響が出てくるだろう」と語った後で、「ルート変更は考えられないだろうか」と、さりげなく、秋田側に振った。

金入会長の、突然の「ルート変更」の提案に対して、秋田県側は二つの反応を現した。自民党秋田

自民党青森、秋田県連政調会の合同会議。立ってあいさつしているのが青森側の金入明義会長、右から２人目が秋田側の高久正吉会長（秋田県八森町の青少年の家）

県連政調会の高久会長は「それは専門家が決めたことでしょうから……。よりよいルートがあるのであれば、ルート変更の検討にやぶさかではない」と語った。一方、秋田県の林務部の幹部は「今の段階でルート変更は考えていない」と、金入提案を否定した。このルート変更が検討できるとしたことと、これを否定したのとでは、実は決定的な違いがあった。

ここで再び図3を見ていただきたい。問題のポイントは青森県側に食い込む鰺ヶ沢ルートであり、この「越境ルート」に青森県側は反発、すべてはここから問題が発生していた。青森県側の反発を避けるには、この鰺ヶ沢ルートを変更しなければならないが、それでは一体、このルートをどこに持っていくのか。変更するとすれば、物理的に秋田県の藤里町に持っていく以外にあり得ない。金入会長の提案する「ルート変更」とは、結果的に鰺ヶ沢ルートを元のルートである藤里ルートに戻すよう、遠回しに秋田県側に要求しているのを意味していた。

政治家である高久会長は「ルート変更もやぶさかではない」と答えたものの、役人である林務部の幹部にとっては、元の藤里ルートに戻すのはほとんど不可能だった。なぜなら八五年六月二十七日、秋田県林務部の職員が青森市を訪れ、青森県庁の担当職員や自然保護団体の代表者に藤里ルートから鰺ヶ沢ルートへの変更を説明。青森県側の反発を受けながらも強引に手続きを進め、一方で秋田県側の藤里町に「藤里ルートは変更する」ことで了承を取り付けてしまったのである。今さら、「もう一度、藤里ルートに戻したい」と藤里町に話を持ち込むのは、とてもできない相談だった。事の重大性を最も認識していたのは秋田県側の役人たちだったはずである。

自民党青森、秋田両県連政調会の合同会議は、金入会長が「青秋林道問題では、せっかく秋田側とお約束をしておきながら『今ごろどうして』と、こちら側が怒られるべきなのだが、こうして政調会が動くことで自民党同士で、知事同士で話し合うパイプができた。今後も話し合いを続けていきたい」とあいさつして締めくくった。

会議の後、休憩に入り、金入、高久の両政調会長は二人だけで話し合う時間を持った。高久会長は早稲田大学で金入会長の四、五年先輩に当たっており、自民党関係の会合などでもしばしば顔を合わせる旧知の間柄だった。二人だけの話し合いで、高久会長自身が青秋林道には疑問を持っていること、ルート変更の可能性はあることなどを金入会長に伝えたという。これで、金入会長のハラは決まった。

休憩時間を終えて二人の政調会長が並んであらためて記者会見した。この席で高久会長は「ルート変更は検討できる」と明言、両政調会長は「青秋林道の問題については今後、両県が納得し、合意した上で対処していくべきだ」と確認した。

金入会長の鮮やかな「技あり」であった。

記者会見を終えて、二日間の現地調査の日程は終了、一〇人の自民党青森県連政調会のメンバーと関係議員は青森への帰路に就いた。記者たちもそれぞれ車に乗り込む。「秋田側も柔軟姿勢」「ルート変更に検討の余地」――翌日の新聞の見出しは決まった。

八森町から北へ向かって日本海沿いに車を飛ばし、県境を越えて青森県側の岩崎村に入ったときだ。吹雪はすっかり収まり、冬の青空が空いっぱいに広がって白神山地の主峰・白神岳がくっきりと見えた。記者たちは車を止め、真っ白な雪に覆われ、輝くような白神岳の雄姿にしばし見入った。

「荘厳なるあの白神の山々は、きっと守られるにちがいない」――記者たちはそう思い始めた。

舞台は再び、青森県庁に移る。現地調査から帰った翌十二月三日、県議会の一室で政調会のメンバー九人が集まって最終的な意見集約を行い、金入会長はこれをもって山内善郎副知事に報告、続いて工藤俊雄農林部長に伝えた後、記者発表を行った。

政調会がまとめた見解は「林道建設のルート変更を含めて当事者同士が納得し合うまで十分話し合うべきだ。従って現時点では青秋林道に賛成、反対の結論を出すのは困難」としながらも、「ルート変更が認められなかった場合、青秋林道は長い間、中止されるかもしれない。ルートを変えれば自然保護団体や赤石川流域住民の納得も得られるだろう」とした。結論のない結論。「中止」ではないが、金入会長の口調は厳しく、実際には可能性のほとんどない「ルート変更」を前面に出して、自民党青森県連は実質、青秋林道に「待った」をかけたのだった。

「結論を出すのは困難」としたのは、早急に結論を出せば、青森県も秋田県もどちらも傷つく。そして「中止」と決めてしまえば、それまでに建設を終えた分の補助金を国（林野庁）に返還せざるを得なくなるという問題が出てくるのは明らかだった。大量の異議意見書提出で、林野庁は近く聴聞会を開かなくてはならない。それならば聴聞会の推移を見極めた上で最終的に判断した方が得策だ、と考えた。北村知事ら青森県首脳部は、金入会長の意見集約を率直に受け入れた。

十一月二十七日に自民党青森県連の議員総会で政調会一任を取り付けてから意見集約までわずか一週間。この間に期成同盟会の四町村と自然保護団体、住民から意見聴取を行い、中途だったが、秋田

青秋林道問題で、最終的な意見集約をする自民党青森県連政調会のメンバーたち。
右が金入会長（1987年12月3日）

県八森町の林道建設予定地を現地視察、秋田県林務部と自民党秋田県連政調会と意見交換を行った上での意見集約だった。

ゼロからスタートした金入政調会のその一週間は、まさに電光石火の動きであった。

見直しに傾く県議会

自民党青森県連政調会の現地調査や記者からの取材を通じて、青森県当局が「ルート変更」の問題に気付き、その意味するところを感じ始めたのは、ようやくこの段階に入ってからだった。しかし藤里ルートから鯵ヶ沢ルートに変更されたのはそれより二年半前のことで、手続きはとうに終わっており、ルート変更の問題を青森県当局から秋田県当局へ表立って持ち出すわけにはいかなかった。であれば、その後の問題の行方は、議会の出方如何にかかっていた。金入政調会が意見集約を出した四日後の十二月七日、青森県議会の一般質問が始まった。青秋林道はどうなるのか、この議会で一定程度の方向が打ち出されるのは明らかで、青森県民は議会の推移に注目した。

質問のトップに立ったのは常任委員会と同様、清藤六郎氏（自民）で、清藤氏は次のように述べて県側の見解を求めた。

「白神山地の問題は新聞、テレビで取り上げられ、全国的に関心が高まっている。これはとりもなおさず、われわれの生活にとって自然がかけがえのないものであるからにほかならない。私は本会議で白神問題を数回にわたって取り上げ、慎重に対応するよう指摘し、環境庁に対しても早急に自然環境保全地域に指定するよう要請してきたが、いまだに指定がなされないのは残念である。

ところで今回、林道開設のための保安林解除に対して全国から一万三〇〇〇通余の異議意見書が寄せられ、しかも建設予定地下流の赤石川流域住民に限れば、有権者の半数近い一〇〇〇人が署名している。出稼ぎによる不在者を考慮すれば、赤石川流域住民は一カ月足らずの間に有権者の半数が反対したことになり、本当に林道建設を地元住民が望んでいたかどうかとなると、はなはだ疑問を感じる。知事も『多数の声を無視した形で工事を進めたくはない。推進派と反対派の双方が十分に話し合う必要がある』と述べたことは、高く評価されてしかるべきものと考える。白神山地のブナ原生林保護運動は、クマゲラを守れとかいう通りいっぺんの自然保護の枠ではとらえられない問題になってきているのではないか」

北村知事は、清藤氏の質問に対して次のように答弁した。

「青秋林道は地域振興を目的に、本県と秋田県との協定によって工事が進められてきた。しかるところ、この段階になって自然保護の観点から林道開設に反対意見がたくさん出てきた。私としては反対意見がどういう動機のもとに、どういう考えでということを十分見極めながら検討していく必要を感じる。つまり、その意味では無視できないのは当然だ。また自民党の政調会ではこのことについて考え方をまとめるべく活動して、一つの考え方を県へ、私へ、開陳をしてきた。こういう事情なので慎重を期さざるを得ない。

さらに率直に申し上げれば、青秋林道の計画を立案した時点と、現在とでは情勢の変化がある。最も大きいのは林野庁の施業計画の見直しだ。当初の計画通り投資していくことでいいのだろうか、それに見合うメリットを期待できるのであろうか。このへんの検討が必要なのではないか」

青森県議会で答弁する北村正武知事（中央）。青秋林道見直しを青森県民に約束した（1987年12月7日）

北村知事は本会議でも「多数の異議意見書は無視できない」と、林道建設に対して一貫して慎重姿勢を示した。加えて議会開会前から繰り返し発言していた投資効果を疑問視する姿勢を、本会議でもあらためて示した。本会議での慎重姿勢、林道建設を疑問視する答弁は、「青秋林道事業の見直し」を、公式の場で一五〇万人の青森県民に約束するという大きな意味を持っていた。

北村知事の言う「林野庁の施業計画の見直し」とは、前年の八月に公表された林野庁の施業計画の見直しを指している。原生林保護運動の高まりに対応して、林野庁は白神山地を「保全林」「自然観察教育林」「施業林」「既施業林」の四つに地帯区分し、「保全林」や「自然観察教育林」の原生林は伐採しないこととした。青秋林道のルート沿いの原生林を自然観察教育林の中に組み込み、ブナは伐採しないが、その中を縦断する形で、自然観察を目的にした道路を建設するというものだった。しかし、この自然観察教育林の設定に対して、自然保護団体は「林道を造るための口実にすぎない」と反発していた。北村知事の答弁は「ブナを伐採しないと決めたのに、伐採しない山の中まで無理に道路を造って何の意味があるのか」と、メリット、デメリット論から林野庁の姿勢を暗に批判したものだった。

議場に立つ清藤六郎氏は、続けて鯵ヶ沢ルートを藤里ルートに移す「ルート変更」を提案。さらに次のように訴えた。

「これは研究課題としてほしいのだが、県警本部長に伺いたい。工事が進んだ場合、車が通るから交通事故が起きるかもしれない。その場合、鯵ヶ沢ルートの林道部分の警察権は青森県になるのか、秋田県になるのか、一体どちらになるのか。土地は青森県だが、現場に行くには鯵ヶ沢警察署から西海岸を、ぐるっと回って一〇〇キロも走らなくては着かない。それでは現場に近い秋田県の能代警察署が事故処理するのか。そういった警察権を他県に移す例が、かつてあったのか調べてほしい。鯵ヶ沢ルートの林道は、完成後の維持管理は八森町が行うことになっている。しかし、道路の維持管理から警察権まで他県に渡してしまっては、貴重な青森県の領土の一部が、秋田県の植民地に成り下がってしまうのではないか」

このとき、議場の記者席の後ろにある傍聴席に、根深さんがいた。根深さんは、清藤氏の質問を聞いて、こう感想を語った。

「あの議員は、実にうまいことを言うなあ……。道路の維持管理から警察権まで他県に譲り渡したのでは、青森県の一部が秋田県の植民地になってしまうのと同じだわなあ」

清藤氏の訴えは、根深さんばかりでなく、議場にいた他の議員の「青森ナショナリズム」をも刺激したのは想像に難くない。ただし、清藤氏が「研究課題」としたため、この質問に県警側からの答弁はなかった。これは余談だが、このとき、議場で青森県警本部長の席に座っていたのは警察庁からきていた前田健治氏である。青森県警本部長の後、宮内庁に出向し、総務課長として昭和天皇Xデーの広報を担当、後に第八一代警視総監となった前田健治氏その人である。

清藤氏らの質問を終えて、正午から休憩に入った。議場を出ようとした北村知事のところに、一人の記者が駆け寄ってきて、「知事、ごくろうさまでした。ところで今、傍聴席に、この問題の仕掛け人が来ていますよ」と言い、傍聴席を指した。

「根深か……」と、傍聴席に目をやり、ひと言つぶやくと、北村知事はそのまま知事室に向かって静かに歩いて行った。

記者は、すぐに記者席に戻った。そしてもう一人の記者と二人で傍聴席にいる根深さんに向かって「知事さんにお礼を言いに行きましょう」と促した。議場を後に、二人の記者に伴われ、根深さんは県庁南側庁舎二階の知事室に向かった。

知事室の前に着くと、秘書課員が「ちょっと待って、待ってくださいよ。アポイントも取ってないのに」と言って、三人の前に立ち塞がった。「入れろ」「入れない」と、知事室の前で押し問答を繰り返していると、間もなく「まあ、入れ」と言う北村知事の声が中から聞こえてきた。秘書課員もあきらめた様子で、根深さんと二人の記者はそのまま知事室に入った。

北村知事に根深さんが直接会うのは、もちろん初めてだった。北村知事は根深さんを直視して開口一番、「君が根深君か。ずいぶんと、（自然保護運動に）一生懸命だねえ」と語り掛けた。知事を前にして根深さんは深々と頭を下げ、「私たちの訴えに理解を示していただいて、ありがとうございました」と、お礼を述べた。

ところが北村知事は「いや、そうじゃない、ちがうんだ。おれは自然保護運動を理解したとか、同調したとかいう考えで、事業の見直しを決断したんではないんだ」と言う。戸惑い顔の三人を前に、知事は続けた。

「おれの仕事は行政だ。もし自然を破壊してでも青秋林道を造ることが、少しでも青森県民の利益になり役立つのであれば、おれはあなたたち自然保護団体の人がどんなに反対しようと、断固としてやる。それが政治というものだ。しかし、青秋林道については、あの林道を造って一体、どれだけの利益があるのか。西目屋村から秋田県の八森町を道路で結ぼうといったって、はるかなはるかな山を越して、地球からお月さんまで飛んで行くようなもの、それは大変な距離だ。お空の真ん中に道路を造るようなことをして、一日に、どれだけの人がその道路を使うというのか。おれ自身、メリットは考えつかない」

テーブルから天井を指す仕草をして、北村知事は、淡々と語った。

根深さんと、若い記者二人の前にいる人物は、厳しい現実と常に対峙し、徹底して現実的尺度で物を考え、判断する一政治家の姿であった。その言葉は、舞い上がる自然保護団体の動きに一定のクギを刺し、一方、役にも立たない林道を造り続けてきた林野行政に批判の矢を向けたのだった。

根深さんは「私たちも青秋林道を造っても何の役にも立たない、と訴えてきました。道路を造れば必ず自然破壊につながる。自然観察教育林といったって、いろんな問題があります」と言う。知事は「自然観察教育林といったって、道が出来れば、やっぱり木を切りたくなるもんな。おれがいる間は、木は切らせないが……」と語った。根深さんは「一度、知事を白神に案内したいと思います」と言った。しかし、知事は「おれとおまえが一緒に山を歩いたら、世間の人にどう思われる」と苦笑した。役者は、はるかに相手の方が、上手だった。

北村知事に再度、お礼を言い、三人は知事室を出た。

知事室を出た根深さんは、知事の言葉一つ一つをかみしめ、頭の中を整理するようにしながら県庁の廊下を歩いた。「カンちがいするな」と知事にクギを刺された。一方で、知事は「青秋林道は役にも立たない林道」と批判する。「知事の言ってることと、おれたちが言ってきたことと、あまりちがわないような気もするなあ」と、自問自答するようにして歩いた。

「政治家とはこういうものなのか」——根深さんは初めて思った。

「北村—根深」会談は、ほんの十分間余のものであり、もちろん非公式会談だった。北村知事との直接対話から、三人は厳しい現実の政治の世界を垣間見る思いがした。しかし同時に、知事は林道凍結を内々に自然保護団体側に伝えたわけでもある。知事と会った三人は、青秋林道が凍結に向かって動き、もはや後戻りすることはあり得ない、と確信したのだった。

県議会の一般質問はその日午後再開し、翌日と翌々日の三日間にわたって行われた。青秋林道の問題は結局、与野党六人の議員が取り上げ、このうち「推進」の立場を表明したのは一人だけだった。この議員は自分の選挙区に青秋林道の青森側起点になっている西目屋村を抱えるため、地元に配慮したとみられる。他の五人はいずれも事業の見直しや凍結、ルート変更を議場で訴えた。

間山隆彦氏(公明)も以前から青秋林道の問題を熱心に議会で取り上げてきた議員で、一般質問では「反対派の声を無視した形で工事を進めたくないという知事の発言に敬意を表したい」と述べた上で、「林野庁が原生林の核心部に設定した自然観察教育林の定義や必要性が不明確」と訴え、「赤石川上流のブナの永久保存」を提案した。

秋田柾則氏(自民)は津軽地区の出身。故竹内俊吉元知事の秘書から政界に出た人物で、津軽地区の開発問題には詳しい。秋田氏は故郷の山々が戦後の乱伐で無残な姿をさらけ出した例を挙げ、また金入氏らと政調会の一員として期成同盟会や自然保護団体から意見聴取した経緯を踏まえて、「西目屋村は村長自身、民有林以外では青秋林道にこだわらないようだし、自然保護団体も原生林の縁に林道を通すことには必ずしも反対ではなかったようだ。赤石川源流部を避け、秋田県の藤里町側を通るルートは検討できないか」と、鰺ヶ沢ルートから藤里ルートへの「ルート変更」を提案した。

各議員から出されたルート変更案が、議会でクローズアップされたが、北村知事や工藤農林部長は「ルート変更も一つの考え方」と答弁するのにとどまった。これは秋田県側に配慮したためで、この段階では県当局は突出した発言はできなかった。

青森県議会の一般質問が終わった翌週、秋田県側では秋田県議会の一般質問が行われ、こちらも青秋林道の問題に質疑が集中した。

佐々木喜久治知事は「青秋林道は両県の共同事業として協力して進めてきたものであり、過疎化の著しい八森町が青秋林道を通じて地域の活性化を進めていこうという悲願に県が応えようとした背景があり、議会も陳情を採択している。最近、青森県で以前と違った情勢にあることは新聞報道で知っている。このことから青森県側の情勢把握に努めるとともに、今後の進め方については十分に意思疎通を図り、両県で合意できるよう最大限の努力をしていく」と答弁した。しかしルート変更については「現ルートについては青森県、青森営林局と協議し、合意の上で進めており、変更は適切でない」と、受け入れられない考えを表明した。各社の記者にコメントを求められた林務部の幹部も「ルート変更は考えられない」と、藤里ルートへの変更を拒否する姿勢を示した。

青森、秋田両県議会は「ルート変更」をめぐってけん制球を投げ合う。地元の八森町では青秋林道推進の町民集会を開いたり、推進派が町民の半数近い署名を集めて林道推進の要望書を佐々木知事に提出するなど、慌しい動きを見せた。青秋林道の問題で大きく揺れた八七年は、こうして幕を閉じた。

年が明けて八八年、青森県側では青秋林道の直接の担当者である工藤俊雄農林部長が精力的に動いた。北村知事は前年十二月の定例記者会見で、「合意形成に向けて、県当局も関係者から意見聴取を行う。関係者には自然保護団体も含まれる」と、自然保護団体からの意見聴取を約束した。

知事の指示で工藤農林部長は一月半ば、根深さんと弘前大学の牧田肇教授、それに連絡協議会の三上希次会長の三人から、個別に意見聴取を行った。三人は一貫して一万六〇〇〇ヘクタールの原生林に入る林道工事に反対を表明。根深さんは「林道の意義そのものを再考する必要があるし、自然を残すことで西目屋村が活性化する方策を探るべきだ」と主張、牧田教授は学術的立場から、稜線から川まで原生状態が保たれている山域全体の保護を訴え、三上会長は伐採による漁業への影響など人間の生活を含めた幅広い調査の必要性を説いた。しかし、意見聴取の場でも県農林部の幹部は、建て前の上では林道事業継続の立場をとっていた。県農林部幹部の姿勢を「煮え切らない」と見た根深さんは、「あなた方は知事の見直し発言の意を受けて、われわれに意見聴取しているんではないんですか。どうなんですか」と、時にすごんでみせた。

工藤農林部長、水野好路次長らを中心に、県農林部幹部はその後も期成同盟会の四町村や赤石川流域住民、漁協関係者から精力的に意見聴取を行った。県農林部が意見聴取を急いだのは、次の予算時期が近づいていたためだった。

林道の新年度予算をめぐる林野庁のヒアリングを間近に控えた二月八日、青秋林道問題の解決策を探るために秋田県林務部の幹部が青森市を訪れ、市内の八甲荘で両県による初の公式協議が行われた。協議の内容は、林道をめぐる両県の情報交換、保安林解除に反対する異議意見書の扱い、ルート変更の可能性、国の予算ヒアリングにどう対処するか――などだった。

工藤農林部長は自然保護団体や赤石川流域住民、漁協、関係町村と話し合いを重ねてきた経過を説明し、「鰺ヶ沢町に入る秋田工区（鰺ヶ沢ルート）については、可能性は探るが、現段階では直ちに工事に着工できる状況ではない」と、秋田県側に伝えた。

秋田県林務部の幹部は「保安林解除を申請している一・六キロ（鰺ヶ沢ルート）について工事を再開したいが、林道事業は青森県との共同事業なので強引に進める考えはない。青森県の判断を尊重しながら進めたい」と語った。秋田県当局は、この段階に至ってようやく、強硬姿勢から柔軟姿勢に転じた。

「鰺ヶ沢ルートでは、住民や自然保護団体を説得できない」とする青森県。仮に鰺ヶ沢ルートに強行着工しようとした場合、その前に林野庁は異議意見書による聴聞会を開かなければならず、そうすれば林野庁自身が赤石川流域住民や自然保護団体、自民党青森県連からの激しい批判の矢面に立たざるを得なくなる。秋田県とすれば、一度、青森県側に変更したルートを、再び藤里町に戻すことはできない。仮に藤里ルートに戻したとしても、今度は藤里町の粕毛川流域住民を中心に多数の異議意見書が出されるのは確実で、林野庁はやはり聴聞会を開いて、自らが批判の矢面に立たなくてはならない。青森県と秋田県と林野庁、三者三様の思惑が交錯する。いかに時間をかけ、話し合いを継続しても、合意点を見いだすのがほとんど不可能なのは、誰の目にも明らかだった。

秋田県八森町から進んできた青秋林道の工事は、青森県境に達してから青森側の激しい反発に遭って鯵ヶ沢ルートに入ることができず、かといって一度断ってきた秋田県側の藤里ルートに、今さら戻るわけにはいかなかった。こうして、ルートの行き場を失って、青秋林道はついえ去ったのである（図3参照）。

青森県庁の立役者たち

　時代が変革するとき、それを待っていたかのように、時代が人を呼ぶ。まるでその巡り合わせが、生まれたときから運命づけられていたように、それぞれの人間がそれぞれの役割を果たし、変革を生み出す。歴史はそうして動いてきた。青秋林道が中止されるまでの経緯を見るにつけ、ポイント、ポイントのポストに不思議なほど「はまり役」がいて、それらの人物がそれぞれの立場でそれぞれの役割を果たしたからこそ、問題が良い方向に進んだというほかない。これを「天の配剤」と言うのだろうか。例えば工藤俊雄農林部長、金入明義自民党青森県連政調会長、そして北村正哉青森県知事――青秋林道の問題に関して青森県庁、議会の重要なポストにこれらの人物がいたからこそ、林道は止まったのだ。

　農林部長だった工藤俊雄氏は八九年、いったん定年退職して青森県庁を去り、むつ小川原地域・産業振興財団（公社）の専務理事となったが、その人格、能力を買われて九五年五月、青森県副知事に就任した。その工藤副知事に会うために、青森県庁を訪ねた。

「青秋林道は、もう昔の話になってしまったが、われわれ（役人）からすれば、はじめは複雑な心境だった」と振り返る。

「複雑な心境」の中身は、まず青秋林道自体の評価の問題である。工藤氏の見方は、秋田県側は、青秋林道を建設して弘前まで道路を延ばすことによるメリットを考えた。青森県側は、尾根を伝って青森側に道路を延ばそうとした秋田側の話に乗ったが、尾根伝いに一本の道路を造ったとしても、自然環境にそれほど影響が出るとは考えていなかった。問題はそこから先である。「林道が出来て青森側のブナが切られたとして、切られたブナは民間に払い下げられる。秋田側にはブナの加工技術があったが、青森側にはそれほどなかった。結果としてブナが秋田側に行ってしまうのではないか」という懸念だった。一方で、自然保護団体の動きもある。

北村知事の見直し発言をきっかけに自民党青森県連政調会が動き、議会の大勢も「見直し」に傾いた。事態が急展開する中、担当部の部長だった工藤氏は精力的に動き、自然保護団体や住民から意見聴取したり、期成同盟会の首長と協議したり、県議らの間を根回しに歩いて意見調整を図った。

「議員の一人に、人工衛星から撮った赤石川や沿岸の写真を見せられたが、河口から沖合の海が赤くなっていた。旧弘西林道が開通した後、木が切られ、土砂が流出した。内水面のアユも捕れなくなった。青秋林道が出来たら旧弘西林道と同じようになるのではないか、という不安を住民は持っていた。議会の動きもあり、『これは上手に撤退するほかない』と、実は早い段階から林道中止でハラは決まっていた」

ハラは決まったが、工藤氏が最も頭を痛めたのは国との関係だった。青秋林道は国から押しつけられた事業ではなく、青森県と秋田県が共同して国に申請した事業である。文書に青森県知事印が押してある。「お願い」した方から「やめます」とは絶対に言えるわけはなかった。「中止」を言い出せば、補助金返還を求められた上、ペナルティーが科せられ、他の林野事業の予算にも影響するのは十分、予想された。予算編成の時期も重なり度々、上京したが、状況報告に林野庁に足を運ぶと「今さら何だ」と担当者にそっぽを向かれる始末。工藤氏は国との交渉に当たった当時を振り返り、その厳しさと苦悩の中での自身の対応を「クマとの遭遇」にたとえた。

「山の中でクマに遭ったら、クマの目をしっかり見て、決して目をそらさない。正面から向かって闘っては勝てるはずがない。かといって敵に背中を見せたら負けだ。じっと相手の目を見ながら、少しずつ、静かに、時間をかけて後ろに下がっていく。この戦法だった」

林野庁では担当者にそっぽを向かれたが、担当でない人の中には、理解を示してくれた人が、結構いたという。地元の青森営林局長には「まあ、なるようになるから」と励まされもした。林野庁とて、決して一枚岩では

青秋林道問題で〝軟着陸〟の役割を果たした工藤俊雄氏

なかった。秋田県との交渉にも当たったが、「秋田側には、ごり押ししようという姿勢はなかった」と、言葉を選んで話す。

青秋林道問題での工藤氏の役割を、ある人は「ソフトランディング（軟着陸）の役割を果たした人物」と評した。表向きは「推進」で、本音は「中止」。その狭間で、行政の中にあって住民運動を抱えながら「ソフトランディング」に終結させるのがどれほど大変かは、言うまでもない。

工藤氏は一九三一年、車力村《しゃりき》（つがる市）生まれ。北海道大学で農業経済学を専攻し、卒業後、北海道庁に入った。後志支庁の開拓営農課の指導員となり、開拓民の指導に当たったが、そこで見たものは過酷なまでの厳しい自然との格闘であった。「開拓とは名ばかりで、実際には棄民政策だった。本庁に何度、改善を申し入れても少しも変わらなかった」と言う。「こんなところには、もういられない」と、若さに任せて道庁を辞め、農業雑誌の編集をしたが、家庭の事情もあって青森県にUターン。六一年、青森県庁に入って役人としての再スタートを切った。配属されたのが開拓課で、課長が山内善郎氏（後、副知事）だった。

青森県の農林部長は、工藤氏の前までは農水省出身の中央官僚の天下りポストだった。しかし、「農林部長は地元から出したい。工藤君なら中央官僚に比べて人物的にも遜色ない」と、農水省の了解を取り付けた上で北村知事が抜擢した。山内善郎副知事の強い進言もあったとされる。工藤氏が農林部長になったのは青秋林道の問題が天王山を迎える前年の八六年で、まるでこの問題を待ち構えていたかのような人事だった。ちなみに筆者は、工藤氏の前の農水省出身の農林部長と何度かこの問題で話したことがある。その農林部長は大変優秀な人で、話もよく聞いてくれるのだが、最後は「青秋林道事業の見直しはあり得ない」で終わりだった。状況はまだ煮詰まっていない段階だったが、「官僚には何を言っても通用しないものなのか」と、ひどく落胆したのを覚えている。

自然保護団体からの意見聴取の場で、根深さんは工藤氏に会った。その根深さんは工藤氏の印象についてこう語っている。

「工藤さんは、自分からは決して『林道凍結』とは言わなかったが、実に誠実な人だった。それまでの農林部長は中央官庁出身の人だったが、工藤さんは地元出身だったからこそ地元の痛みを理解できたのでは、と思う。それが大きかった」

一方、工藤氏は根深さんの印象をこう語っている。

「毎年のようにヒマラヤに行っていて、山が好きな男なんだなあ、と思った。今は文筆家になってしまったが。自然を心から愛し、好感の持てる青年だった」

二人はその後、個人的にも親交を深めた。九五年十一月、明治時代に禁断の国チベットに入った河口慧海の潜入ルートを探った『遙かなるチベット』で根深さんがＪＴＢ紀行文学大賞を受賞し、その受賞祝賀会が弘前市内のホテルで開かれた。青森市から会場に駆けつけ、一番に祝辞のあいさつに立ったのは工藤氏だった。招待客を前に、工藤氏はこう述べた。

「農林部長時代、青秋林道の問題に取り組んだ。根深さんと私は、それぞれ立場はちがっていたが、気持ちはしっかり通じ合っていた」

知事の見直し発言を受け、期成同盟会の町村や自然保護団体から意見聴取したり、現地調査したりして精力的に動き、政権与党として青秋林道建設に「待った」をかけて問題解決に主導的役割を果たしたのが自民党青森県連政調会長だった金入明義氏である。

金入氏は政調会長二期、総務会長一期を経て、三期目の幹事長職にあった。青秋林道の問題で活躍した八七年以来、ずっと党三役のポストにある。忙しい中、時間を割いて会ってくれたのは、陸奥湾を見下ろす青森市内のホテルの展望レストラン、細身で物腰柔らかいその姿勢は、以前と変わらなかった。

まず知りたかったのは、白神山地の名さえよく知らなかったという金入氏が、なぜ青秋林道の問題に取り組もうとしたのか、という点である。

「北村知事からの指示だった」と言う。答えは簡単明瞭だった。

知事の見直し発言をきっかけに、県議会の青秋林道に関係する二つの常任委員会で自民党の議員の大半が林道凍結派に回ったが、与党の自民党議員がこぞって県の事業に反対するなど青森県政史上、かつてない出来事で、自民党内部が混乱した。ではどうするか。これを協議するために開かれたのが八七年十一月二十七日の自民党青森県連の議員総会だったが、会議が始まる前に北村知事から、議長室に来るよう、金入氏に連絡が入った。

議長室にいたのは議長と北村知事、それに青秋林道に関係する農林、環境厚生両委員会の委員長だった。金入氏を加えて五人。農林の委員長は当時の自民党青森県連の幹事長であり、環境厚生の委員長は議長経験者だった。大物ぞろいの中で、金入氏が一番若かった。

「金入君、こういう事態になったのは承知だろうが、青秋林道を通すのが果たして青森県のためにな

青秋林道問題の解決に主導的役割を果たした金入明義氏

るのかどうか。林道を通すのがいいのか、通さないのがいいのか。そこを調べ、意見調整して党としての見解をまとめてほしい」

混乱したこの事態をどう収拾するか、北村知事は若い金入氏に託し、問題解決の糸口を探ろうとした。

急に白羽の矢を立てられたが実際、金入氏は戸惑った。「青秋林道と言われても、見たこともない。白神って、どこにある山なんだろう」と思った。しかし、知事の指示を受けた以上、逃げるわけにはいかない。「では一カ月の時間をください」と言った。しかし知事は「だめだ、時間がない。十二月議会が始まるまで、あと十日しかない。一般質問では自民党の議員が質問のトップに立ち、おれが答弁しなくてはならないが、その答弁が知事としての考え、方針になる。時間はないが、一日のうちにまとめてくれ」と言う。

「十日のうちに」とは、かなり強引な話だが、確かに議会の開会が目前に迫っており、仕方のないことだった。金入氏はただ一つ、「それでは、知事は私の出す結論に従いますか」という条件を出した。北村知事は「政調会の出す結論に従う。約束する」と、この条件を受け入れた。

「それじゃ、やりましょう」

予備知識はゼロながら、金入氏は青秋林道の問題に取り組む覚悟を決めて、議長室を出た。


北村知事は金入氏に全幅の信頼を置いていた。そのきっかけになったのが青秋林道の問題が起きる前年の八六年秋から翌八七年秋にかけて青森県議会に吹き荒れた「粗悪石材問題」だった。粗悪石材問題とは、青森市内の建設会社が、建設資材に人間の力でもボロボロになるほどの極めて粗悪で脆い石を使っていたのが発覚。自民党の大物県議の関係者がこの建設会社の経営者であり、県発注の公共工事にもこの粗悪石材が使われていた。粗悪石材問題をめぐって議会は開会の度に空転に空転を重ね、北村知事は野党と激しく対立した。県土木部は一度調査をしたが、急先鋒の社会党は「真相究明になっていない」と再調査を要求。しかし北村知事は再調査を突っぱねる答弁を繰り返した。そのうち社会党の渡部行雄衆院議員（福島県選出）が青森県入りして現地調査を実施、国会で取り上げる準備を始めた。県民の批判を浴びる一方、中央官庁からの厳しい措置も予想され、土木部はじめ県職員の士気は極度に低下した。

県議会常任委員会で土木部を担当していたのが土木公営企業委員会で、その委員長を務めていたのが金入氏だった。「青森県で起きた問題は、青森県で解決しよう」と決意。自民党青森県連政調会長でもあった金入氏は、野党と厳しく対立していた北村知事や自民党の同僚議員を説き伏せ、野党側の要求する再調査をのみ、しかも公開で実施した。この調査結果を受けて、関係者を厳しく処分、一年近く続いた粗悪石材問題に結末をつけた。この問題が解決して間もなくクローズアップされたのが青秋林道の問題である。「金入ならやってくれるだろう」という思いが、北村知事の胸中にあったにちがいない。

北村知事から指示を受けた金入氏は、政調会の九人のメンバーを集めて「今からの十日間の、二十四時間をすべて私にください」と言い、決意のほどを伝えた。意見集約の際、考え方の基本にしたのが知事の指示する「青秋林道を通すのが、果たして青森県のためになるのかどうか」という、この一点だった。

現地調査を開始し、深浦町の観光ホテルで期成同盟会の四町村の首長から意見聴取を行ったときだ。非公開の意見聴取が始まると、まず西目屋村の三上昭一郎村長は「あなたの前の政調会長は、青秋林道を推進していた。今ごろになって、なんでまた調査を始めるんだ」と、金入氏に食い下がった。また、その場で「自然保護団体の中には共産党がいる。共産党の言うことなんか聞けるか」と言う同僚議員もいた。金入氏は「思想、イデオロギーの話をするためにここに来たのではない。青秋林道を通すのが、青森県のためになるのかどうかを調べるために、われわれは来たのだ」と語って同僚議員の意見を押さえた。このとき、他の同僚議員は一斉に拍手したという。

期成同盟会四町村の意見をよくよく聴くと、林道を積極的に推進したいというのは、林道の青森ルートを持つ西目屋村だけだった。しかも、金入氏に食い下がった西目屋村の三上村長だが、本音を聴くと、「ダムの水没補償の代替地である民有林まで林道を造るのが目的だった。秋田まで結ぶ広域基幹林道になれば、大半が国の補助金でできるから事業をお願いしてきただけだ」と言うのである。図面を見ると、民有林の中だけでよいなら、原生林の中に入る必要は何もなかった。

四町村からの意見聴取を行った後、すぐに自然保護団体からの意見聴取を行った。「これが大変参考になった。自然保護団体の人たちの意見を聴くことで、問題がはっきりしてきた。切ったブナは秋田に持って行かれる。青森側は水害の危険が増す。これでは青森県にとって何の意味もない。たった道幅四メートルの道路一本でも自然の生態系を壊してしまう。自然を守ることの大切さを聞かされ、われわれも勉強になった」と語る。

現地調査から帰って、青森県内の製材業者に問い合わせてみた。業者が言うに「あそこに林道を造っても、青森側では運搬に費用がかかり過ぎて採算が合わない。秋田側は林道の遠くない所に製材工場があるからペイするでしょうが……」と言う。青森側には何のメリットもない。マタギしか入れないような未踏の原生林に道路を造っても、人と人、経済と文化の交流などはじめからできるはずはなかった。「それならば、世界一のブナ原生林を残すことの方が大事だ」と思った。

北村知事から「十日以内」に党の見解をまとめるように指示されたが、実際には一週間で仕上げた。金入政調会が意見集約した結論は「合意まで話し合い継続」という内容だったが、「記者発表のとき、本当は胸を張って『中止だ』と叫びたかった。中止と言えないつらさがあったが、手の内を明かすわけにはいかなかった」と振り返る。

公共事業を途中で中止した場合、当然、国はそれまでの工事に投資してきた補助金の返還を要求してくるだろうと予想した。青森県首脳部は、この補助金返還問題に頭を抱えた。たとえば建設省（国交省）が「ダム建設を途中で中止しても補助金返還は求めない」と決めたのは九七年八月で、極く最近のこと。背景には行政改革という大きな時代の流れがあるからだ。しかし当時は、もし林道工事を中止すれば、林野庁から補助金返還を求められても当然と受け止められていた。工事はそれより六年前に着工していた。工事の中止を言い出せば、青森県分ばかりか秋田県分までの補助金返還を、青森県側で負わなくてはならなくなる。青森工区はそれまで三億円以上の事業費を投入していたが、秋田県側の方が工事がはるかに進んでおり、八森町内の工事は既に終わっていた。一挙に「中止」と言えなかったのは、この補助金返還の問題があるためだった。

「林道工事を途中でやめて、補助金を返さなくて済んだ例は過去にないだろうか」――金入政調会はこの問題まで調べた。そして、沖縄県に先例があるのを見つけた。

沖縄県の西表島（竹富町）の東部・大富地区と、西部・白浜地区を結ぶ林道が「西表横断道路」で、総延長八キロ余。島の中央にイリオモテヤマネコが生息する標高四四七メートルの波照間森《はてるまのもり》という山があり、林道がその南側の山岳地帯を走る計画だった。

これは一九七〇年から七一年にかけて起きた問題で、本土復帰を間もなく迎えようとしていた琉球政府時代末期の話である。日本政府が復帰記念事業として補助金を出し、琉球政府が林道事業を担当した。ところが、工事現場の下流にある竹富町祖納地区で、大雨の後に鉄砲水が発生、田植えを終えたばかりの水田四〇ヘクタールのうち、半分の二〇ヘクタールが一夜のうちに土砂で埋まった。当時をよく知るという地区の石垣金星さんに問い合わせたところ、こんな返事をいただいた。

「山が水源地になっていたんだが、林道工事は山の尾根を崩していった。今では考えられないほどのでたらめな工事だった」

石垣さんはそのころ、那覇市内で中学の教員をしていたが、故郷の災害を知り、西表島からやって来た町長や農家の代表の人たち十人に同行して琉球政府を訪れ、工事の中止を申し入れた。林道は結局、途中で止まった。

「表向きの理由はイリオモテヤマネコの保護のためとされたが、直接の理由は祖納地区の水田被害にちがいなかった。『中止』とは言わず『凍結』と言ったが、実際は中止と同じだった。その後の補助金返還問題については話題にならなかったし、新聞で騒がれるようなこともなかった」と、石垣さんは語っている。イリオモテヤマネコの生息する波照間森周辺は、本土復帰後に国立公園になった。

本当に補助金を返還しなくて済んだのか、関係機関に問い合わせてみた。「本土復帰前、三十年近く前のことでもう資料はない」と言う返事だったが、十年前に調べた金入氏の記憶によると、「西表島の林道は、自然休止が三年を過ぎたところで補助金返還しなくて済んだ」と言う。事実上の中止をしても補助金返還をしなくて済んだ例がある。これは大きな発見だった。

金入氏は知事と副知事と農林部長にこう告げた。

「よろしいですか。三年間だけ演技をしてください。『青秋林道は、合意するまで関係者と話し合いを継続する』と言って、三年間だけ頭を下げ続けてください。決して『中止』と言っちゃいけませんよ。三年過ぎれば、補助金返還は『時効』になりますから」

そうして、三年を待たずして九〇年三月、林野庁が白神山地を「森林生態系保護地域」に指定した。森林生態系保護地域は、貴重な自然を残そうと八八年に林野庁が打ち出した保護林制度で、指定した森林を、原則として人為を加えない「保存地区」と、保存地区を取り巻いて森林を緩衝地帯とする「保全利用地区」の二つに地帯区分して保護する。休止していた青秋林道の未着工区間を、人為を加えない森林生態系保護地域の保存地区に組み入れることで、林野庁は事実上、自ら青秋林道の打ち切りを決定したのである。

「国の方で先に『待った』をかけてくれた。森林生態系保護地域の指定で、補助金を返還しなくて済んだと思いましたね。これももう『時効』だから、記者さん、書いてもらって結構ですよ」と笑った。

白神の名さえよく知らなかった金入氏だが、政調会長として事態収拾に動いたのを機に、以後、毎年一回、白神通いを始めた。当時小学生と中学生だった子供たちを連れて、山に入った。その後は、子供の卒園した八戸市内の幼稚園の父兄会の有志と、その子供たちを連れて白神に行く。

「あれからブナの山に魅せられた。ブナの淡い緑に、太陽光線が入ったところが実にいい。雨のときもまた、それなりに風情があっていい。八戸から白神に連れて行くと、みんな喜んでくれる」

金入氏の山の案内人はもちろん、根深さんだ。二人の交流も、山を通じて続いている。

「私たちはそれまで、何人もの議員に青秋林道の問題を訴えたが、話は聞いてくれても実際に動いてくれた人は誰もいなかった。金入さんが初めてだった。政治家と言えば自分の保身や利権に走る人ばかりと思っていたが、金入さんは実にさわやかな人だった。運動に取り組んでいたとき、この人なら信じられる、と思った」

根深さんは語っている。

東北地方の一角から始まった白神山地のブナ原生林保護運動は、大きなうねりとなって全国に広まり、人々の共感を呼んだ。それが最高潮に達したとき、「林道見直し」の決断を下して問題解決に導いた行政側の最大の立役者は、青森県知事のポストにあった北村正哉氏である。北村知事の決断は一瞬のものであったが、青秋林道の開設に強硬姿勢をとっていた秋田県をはじめとした林道推進派に激烈なショックを与えた。林道凍結へ向けて流れを決定づけたのは知事としての政治権力以外の何物でもなく、知事の英断なしに今日の白神山地はあり得ない、と言っても過言ではないだろう。それがなかったら、長良川河口堰の問題など全国の数多くの住民運動が経験したように、青秋林道の問題もまた推進派と反対派の抗争が長期化し、泥沼に陥る可能性は十分にあった。

四期十六年にわたって青森県知事を務めた北村さんは九五年二月に引退して青森県庁を去り、現在は自宅で回想録を執筆するなどして自適の生活を送っている。青森市の市街地東部、閑静な住宅街にある北村さんの自宅を訪ねたのは、冷たい秋雨のぱらつく九月のある日曜日だった。その一週間ほど前、筆者は取材の趣旨をしたためた手紙を書き送っておいた。北村さんに会うのもまた十年ぶりで、幸子夫人と二人、歓迎してくれた。

北村さんは一九一六年（大正五年）、三沢市生まれで、このとき八十一歳。「病気はないんだが、これぐらいの年になると、あちこち体にガタがくる。足が弱くなって、このごろはあまり遠出はできなくなった」と話す。現役時代は顔つきも視線も厳しいものがあったが、今は表情もだいぶ和らぎ、顔も丸みを帯びた感じだ。

まず、青秋林道の問題が華やかに繰り広げられたころの印象を聞いた。北村さんは記憶をたどるようにして、淡々と語った。

「政調会長の金入君に、意見をまとめてくれるよう頼んだが、金入君は熱心に動いてくれ、秋田の現地まで行って調べてくれた。議会の本会議で、おれが（青秋林道事業の見直しを）はっきり言っちゃったから、その後は思ったほどの抵抗もなく、林道中止に向かって進んでいった感じだった。営林局も『もうしょうがない』と思ったんだろう。思った以上に理解を示してくれた。それから、自然保護団体の根深という人も、ずいぶん熱心な男だったのを覚えている」

こう話した後、書棚から一冊のアルバムを取り出して見せてくれた。九三年五月、自身が白神山地の世界遺産登録を陳情するためにヨーロッパを旅したときの写真だった。

「資料やビデオを持って行って、白神山地は世界でもまれなブナ原生林で、珍しい動植物もたくさん生息している。今後も地元で保護していける、と説明して世界遺産登録をお願いして回った」

北村さんは知事であり、青森県ユネスコ協会の会長であった。パリで開かれたジャパンフェスティバルに出席した後、ユネスコ本部を訪ねて会ったのがフェデレコ・マイヨール事務局長で、事務局長に白神の世界遺産登録を訴えると「世界遺産はＩＵＣＮ（国際自然保護連合）の意見を尊重して決める」と言われた。ＩＵＣＮ本部はジュネーブ郊外のグランという町にあるという。その足でスイスに入り、ＩＵＣＮ本部を訪ね、世界遺産登録を陳情して回った。この年の十二月、南米コロンビアで開かれた世界遺産委員会で、白神山地のわが国世界遺産登録第一号が正式に決まったが、アルバムを開きながら説明するその口調から、世界遺産になった白神山地を、自らの誇りにしているようだった。

北村さんが青秋林道の見直しを決断したのは、メリット・デメリット論を基準にした現実的な選択だった。しかし、その時点では地図の上から見ていただけで、山の現地は見ていなかった。実際に現地を見たのは林道の休止後で、ヘリコプターに乗って二回、空から山系全域を見て回った。地上からは旧弘西林道を、西目屋村から入って白神の北部山系を横断、西海岸の岩崎村に抜けた。赤石川の渓流も歩いた。

「旧弘西林道を横断したときはちょうど紅葉の季節で、一望千里の紅葉はそれはそれは素晴らしい景色だった。山が、一つの山ではなく、重畳たる山並みが果てしなく続いていて、それが全部ブナで、びっくりした。まるで夢の中を歩いているような感じだったなあ。暗門ノ滝はまだ見ていないんだが、くろくまの滝は見た。赤石川も渓谷がたくさん入り組んでいて、きれいな川だった。この山はやはり残すべきだと思った」

北村さんもまた、実際に山を見てから、その自然の豊かさに魅せられた様子だった。

取材の途中、話題を換えて急に話を切り出したのは、青森市の郊外で発見された「三内丸山遺跡」の件だった。国内最大級の縄文集落跡と推定され、教科書を書き換えるほどの大発見とされた三内丸山遺跡だが、遺跡のある場所は運動公園として整備する計画で既に野球場建設に着手、内野スタンドの外形まで出来ており、さらに隣接地にはサッカー場建設を予定していた。北村さんは悩みに悩んだ末に、「遺跡保存を優先し、野球場は中止、サッカー場は代替地を探す」という決断を下した。北村県政は確かに開発事業が施策の中心だったが、青森県が誇る自然遺産（白神山地）と文化遺産（三内丸山遺跡）は、自らが陣頭に立って保護、保存の決断を下し、リードしてきたという強い自負が、その語り口から見て取れた。

「開発すべき所は開発する。守るべき所は守る。区別するのが大事だ。開発するにしても自然に配慮しなくちゃいけない。配慮の仕方はいろいろあるだろうが」と言う。言葉にこそ出さなかったものの、白神山地や三内丸山遺跡の問題を自ら体験して、そこから学んだものも多かったに違いない。

青森県政に参画すること40年に及んだ北村正武氏。北村さんの決断なしに、今の白神山地はあり得なかった

北村さんは、戦後、知事が民選になってから四人目の青森県知事だが、それ以前の三人は津軽地区の出身であり、北村さんは初めての南部地区出身の知事だった。しかし、「南部の知事」とは呼ばれず、「斗南《となみ》の知事」と呼ばれた。

明治維新、幕府方の中

心になっていた会津藩は、戊辰戦争で西軍に敗れ、現在の青森県の下北半島と三戸郡、五戸郡に分散して移住させられた。この際、会津藩は「斗南藩」と藩名を変え、再起を図った。「斗南」の名は、中国の詩文「北斗以南皆帝州」に由来する。北村さんは会津藩士の末裔で、子供のころから会津の精神をたたき込まれて育った。

旧盛岡高等農林を卒業して獣医となる。後、陸軍軍人として太平洋戦争に出征し、終戦はマレー、シンガポールで迎えた。戦地から引き揚げて三沢に戻ったが、待っていたのが公職追放で、その間、家具屋などをして生活をしのいだ。自ら極貧の生活を送り、その体験から「職を得させ、貧しさからはい上がる」のを後の政治哲学とした。追放が解除になってから大三沢町（三沢市）の町議になり、次いで県会に出た。県議三期、副知事三期、そして知事四期、青森県政の中枢に参画すること四十年に及んだ。会津人のように頑固一徹、一本気な性格と評されたが、斗南の知事は、世間の政治家によくあるような金権とは、まるで無縁の人物だった。

政治生命をかけたのが東北新幹線の延伸問題で、盛岡止まりの新幹線を、何としてでも青森県に引っ張って来ようと、あらゆる努力を傾けた。だが、人口が少なく、政治力の弱い青森県に、新幹線はなかなかやって来てくれなかった。官僚に「青森県に新幹線を通して、空気でも運ぶのか」と言われ、屈辱に耐えながらも何度も何度も中央官庁の中を陳情して歩いた。

青森県議会で青秋林道問題の議論が白熱したのが八七年十二月だが、その議会が終わったころ、中央では次年度の予算編成の時期に入っていた。記者団に対する予算案の事前レクチャーの場で飛び出したのが大蔵省（財務省）主計官の「問題発言」だった。

「東北新幹線の延伸を認めれば、戦艦大和、青函トンネルと並んで、昭和の三大バカ査定になる」
昭和の三大バカ査定とはよくいったものだが、その三つのうち二つが青森県に関係するというのも皮肉なものである。この問題発言の後、青森県庁内で行われた定例記者会見で記者からコメントを求められた北村さんは、怒りを胸に秘めながらも冷静に対応、その後も新幹線問題にあらゆる情熱を傾けた。四期十六年の北村県政の歩んだ道のりは、決して平坦ではなかった。むしろ北村丸は、荒海を航海し続けた十六年間だった。評価はさまざまあるかもしれないが、新幹線問題にかけたそのひたむきさを否定できる者は、誰もいないだろう。

私事になるが、筆者は青森市に五年間勤務した後、一度、仙台市の本社に戻り、二度目の出先勤務地として福島県の会津若松支局に赴任、三年間過ごした。これを話すと、「ほう、そうかね」と、北村さんは身を乗り出してきた。

会津若松市の東山温泉入り口にある会津武家屋敷は観光名所の一つになっているが、その武家屋敷の一角に、北村さんの揮毫《きごう》した「北斗以南皆帝州」の書が掲げてある。「会津で、私も北村さんの書を見ましたよ」と言うと、「ああ、あれはかなり大きなものに書いたから、結構、目立つようなんだ」と、うれしそうに話した。生まれも育ちも青森県だが、心のルーツは、遠く会津の空にあるという思いがあるらしかった。

頑固一徹、一度決めたら二度と自分の考えを変えないのが会津人である。定例記者会見で青秋林道の見直し発言をした後、林道中止に向けて、二度とその姿勢を換えることはなかった。「気骨のある人だった」と根深さんは、知事室で北村さんと話し合ったときの印象を語っている。

北村さんは「最近の白神の状況は、よく分からない」と前置きした上で、次のように話した。

「確かにゴミを捨てたり、空き缶を捨てたり、悪いやつはいつの時代にもいるから、最低限の規制というのも必要かもしれない。しかし、マタギの人とか、今まで山菜やキノコ採りに入っていた地元の住民まで締め出すのはおかしい。従来通り、山に入れるべきだ。世界遺産になったまではよかったんだが……その後が……どうもなあ……」

最近の白神をめぐる論争に、戸惑いの様子だった。

北村さんの自宅を出ようとしたところ、雨はほとんどやんでいた。玄関先で見送ってくれた北村さんと幸子夫人に、「いつまでも、お元気で」と言って、別れを告げた。

第4章
森は蘇るか

保護運動の遺産

青秋林道の建設推進を目的に「青秋県境奥地開発林道開設促進期成同盟会」が設立されたのが一九七八年、そして、林野庁が白神山地を森林生態系保護地域に指定して青秋林道の打ち切りを正式に決めたのが九〇年。その間、十二年という長い時間を経過した。白神のブナ原生林保護運動は、青秋林道を中止に追い込み、わが国の世界遺産登録第一号という栄誉を勝ち取った。しかし、その栄誉と表裏の関係にある入山規制を巡る問題でなお、世間の注目を浴びている。それはなぜか。この問題を解くには、白神の保護運動とは一体何だったのか、その意義をきちんと総括した上で始めなければならないだろう。

日本の自然保護運動の原点は「尾瀬」にあるといわれる。青秋林道の問題を取材していた当時、思いを巡らしたのはこの自然保護運動の原点たる「尾瀬」であった。白神を語る前に、まず尾瀬の保護運動を振り返ってみよう。

福島、群馬、新潟の三県境一帯に広がる高層湿原、湖と山がつくり出す景観が尾瀬だが、その尾瀬沼をかすめる形で尾瀬自動車道路の工事が本格化したのが一九七一年春のことだった。ブルドーザーがブナの大木を押し倒し、峠の泉を踏みにじる。日一日と迫る自動車道路の工事を目の前にしてなすすべもなく自責と絶望の日々を送っていたのが尾瀬沼のほとりで長蔵小屋を経営していた青年・平野長靖氏であった。

「このまま道路を通させてよいのか。次の世代のためにも、何らかの抵抗をしなければ」。やがて平野青年は行動を開始。まず新聞に投書して世論に訴え、次いで「尾瀬の自然を守る会」の結成準備に取りかかった。

この年の七月一日、タイミングを合わせるかのように佐藤栄作内閣の下で環境庁（環境省）が発足、長官に衆院議員の大石武一氏が就任した。発足当初は総務庁長官が兼務したため、大石氏が事実上の初代長官である。山小屋で苦悩の日々を送っていた平野青年は、母親の助言を受け、残されたわずかな可能性を探りながら東京・目黒の大石邸を訪ね、尾瀬自動車道路の建設中止を直訴した。

大石氏は仙台市出身で、東北大学医学部を卒業。同大学医学部助教授、国立仙台病院内科医長を経て、政界入りした人物だ。もともとは医師であり学者であった大石氏、植物に詳しく、とりわけ尾瀬は学生時代からの憧れの地だったという。平野青年の訴えを聞き、「環境庁の初仕事は尾瀬問題」と決意。直ちに現地を視察して関係する三県の知事と話し合い、協議を重ねて工事の中止に動いた。大石氏の決断と世論の後押しで、尾瀬自動車道路は止まった。これが「尾瀬保護」に至る経緯である。

「自然保護運動など学者や文化人の贅沢な趣味」といわれた時代、村民から嫌がらせを受けながら孤軍奮闘した平野青年は、過労が重なり、その年の十二月、三平峠で壮絶な遭難死を遂げた。

「君の行動で、自然を守ろうという意識が、燎原の火のように全国に広まった」と、大石氏は追悼の言葉で述べた。死を賭して尾瀬の保護運動に取り組んだ平野青年の行動は、国民の間に大きな共感を呼んだ。

青秋林道の反対運動がクライマックスを迎えた八七年は、平野青年の死から十六年後のことだった。その間に、「学者の趣味」と言われた自然保護に対する国民の考え方は、大石氏が追悼の言葉で述べたように少しずつ変化していった。

白神の保護運動には数多くの人々が参加した。村社会の中で、時には孤立しながらも「林道反対」を唱えた西目屋村の工藤光治さんらマタギの人たち、反対運動を組織して世論を喚起、異議意見書集めに奔走した根深誠、菊池幸夫、三上希次、村田孝嗣氏ら弘前グループの人たち、署名の呼び掛けに立ち上がった吉川隆、石岡喜作、石岡繁春氏ら赤石川流域の住民たち。県都・青森市では白神が無名の時代から、市民運動のリーダーとなっていた鹿内博（市議、後ち県議）、棟方清隆、田中洋一氏らのグループが、弘前グループと連携して青秋林道の問題に取り組み。これらの運動が一万三二〇二通という大量の異議意見書になって結実した。住民からのアピールに政治の世界もよく応え、北村正哉知事ら青森県首脳部、そして自民党から共産党まで、県議たちが文字通り党派を超えて、林道中止へ向けて青森県民の合意形成に努力した。組織の立ち上げから、運動のポイント、ポイントで助言してくれた日本自然保護協会など中央からのバックアップもあった。平野青年ら一部のグループの闘いだった尾瀬の保護運動に比べて、白神の保護運動にはこれだけ多くの人々が参加しており、平野青年の死から十六年の間に自然保護に対する国民の意識が大きく変化したのを実証した。

東北地方の片隅から始まった白神の保護運動は、青秋林道を止めることによって注目を浴び、他の保護運動に大きな影響を与えた。尾瀬の保護運動は「点」から始まり、「点」と「点」を結び、人々の意識を少しずつ変えていったが、白神の運動はその「点」を「面」的に広げたところに、日本の自然保護運動史上に残した遺産の第一義的な意味があるのではないだろうか。白神の取り組みが周辺地域に次々と拡大増幅し、東北各地に続々と「ブナを守る会」が誕生した。

例えば宮城県の「船形山のブナを守る会」。守る会ができるきっかけになったのが、白神の保護運動を報道した新聞記事で、記事の終わりに「カンパのお願い」が書かれていた。これを見た宮城県大崎市の古川高校山岳部OBの小関俊夫さんが、山仲間に一人千円ずつのカンパを呼び掛けたところ、二万円集まった。カンパ活動をしているうちに「しかし、白神もそうだが、船形山だってブナ伐採で山が荒れた。地元の山を考える必要もあるんじゃないか」という声が上がり、守る会結成に話が発展した。結局、集めたカンパを、一万円は白神の保護運動に送り、残り一万円は船形山のブナを守る会の結成準備資金に充てた。

「青秋林道を止めようと、青森県や秋田県の人たちが『お上に楯突いて』頑張っていたが、宮城県内にはそれまで、お上に物を言う形の自然保護団体はなかった。『私たちにもできるんじゃないか』と、白神の運動を見て思った」と、呼び掛け人から守る会の代表世話人になった小関さんは話している。

守る会では、機関誌「ブナの森」を発行したり、船形山の大滝野営場でブナ・コンサートを開いたりして啓発運動に取り組んだ。忘れられないのは八七年、船形山のブナ伐採中止を訴えて集めた二万一〇〇〇人の署名を携えて上京したときだ。林野庁は署名簿を受け取ってくれたが、環境庁は「ブナは林野庁の問題だから」と受け取ってくれなかった。宮城県出身の大石武一元環境庁長官の仲介で結局は受け取ってくれたが、「環境庁でさえ、当時はその程度の認識だった」と言う。

しかし、守る会の活動に対する理解は少しずつ広まった。大崎平野は日本有数のコメどころで、その水源は船形山のブナの森にある。周辺町村会は「ブナ林保護」を決議した。宮城県内では、船形山に続いて蔵王山系や栗駒山系のブナを守る会など次々と結成された。

小関さんは、東北の自然保護団体の集会で初めて青秋林道に反対する連絡協議会の三上希次さんに会い、白神のイワナの魚影の濃さを聞かされた。また、根深誠さんを招いて仙台市内で講演会を開いた。山男の小関さんは衝動に駆られ、白神の現地を度々、訪ねた。

「白神の渓流を歩くと、あちこちの沢から水が伏流水となってわき出ているのに感激した。森がしっかりしているんだろう。この点がほかの山と違うところだ」と言う。

白神こそ、船形山のブナを守る会の生みの親である。青秋林道反対の異議意見書集めのとき、宮城県内から多数の署名を集めて弘前に送ったのは言うまでもない。

青秋林道の是非を巡る議論が白熱していたころ、山形県では「葉山の自然を守る会」の人たちが、朝日連峰を縦断する森林開発公団（緑資源公団）の大規模林道「真室川―小国線」計画の反対運動に取り組み始めていた。

「連日の白神報道を見ていたが、大量の異議意見書が青秋林道を止めて、『すごいなあ』と思った。林道を止めた異議意見書の戦術を、こちらでも使えないかと考えた」と、守る会の原敬一代表は言う。

原さんは白神の保護運動をバックアップしていた日本自然保護協会を訪ね、異議意見書の書式を教えてもらい、さっそく実行した。すると、大規模林道の北工区（白鷹工区）に約七〇〇〇通、南工区（小国工区）に約四〇〇〇通の、計約一万一〇〇〇通の異議意見書が集まった。長年の取り組みが実を結び、九七年春から大規模林道は休止状態に入った（九八年十二月、最終的に中止が決まる）。

青秋林道が凍結に向かって大勢が決したところ、葉山の自然を守る会では、根深さんを地元の長井市に招いて講演会を開いた。

「根深さんには日本の基層文化たるブナ帯文化論やブナの森の素晴らしさ、そして闘いの厳しさを教えてもらった。合い言葉は『白神に続け！』。私たちの運動が壁に突き当たったとき、白神の成功を励みに頑張った」。運動当初から大きな影響を受けた白神を振り返り、原さんはそう語っている。

山形県内で原さんらが大規模林道の異議意見書集めに奔走していたところ、隣の福島県の会津地方は、リゾート法第一号指定を受け、東京の大資本による開発の嵐に見舞われようとしていた時期だった。

会津地方のほぼ中央にある博士山《はかせやま》に、大手ゼネコンを核にした民間企業と地元の昭和村の第三セクターによるスキー場・ゴルフ場計画が持ち上がった。それを機に結成されたのが「博士山ブナ林を守る会」である。ここでも、守る会結成の素地をつくったのは白神の保護運動だった。

「白神の運動を、東北の人々ははじめ傍観していたと思う。それが、青秋林道を止めたことで『東北でも自然保護運動がやれるんだ』という自信を与えてくれた。会津地方で、白神の運動を励みに『自分たちも声を出して行動しよう』と考えた人たちが集まってできたのが私たちの守る会だった」と、博士山ブナ林を守る会の菅家博昭会長は言う。菅家さんもまた、会の結成前、白神の保護運動をバックアップしていた日本自然保護協会を訪ね、異議意見書の書式を教えてもらい、白神に関するたくさんの資料を受け取った。「白神のように、頑張れば自然は残るんだから」と担当者に励まされ、会津に帰った。

博士山の保護運動が始まって間もなく、山中でイヌワシの営巣地が見つかった。守る会では三年間にわたってイヌワシの生息調査を行い、独自のデータを福島県に提出して博士山のイヌワシとブナ林の保護を訴えた。また、博士山でも森林開発公団による大規模林道建設計画が進められており、異議意見書提出を呼び掛け、約四〇〇〇通を集めた。

白神の主力メンバーの一人である村田孝嗣さんを招いたこともある。会津若松市内の公民館で村田さんの講演とスライド上映を行い、翌日は博士山でクマゲラ調査を実施、生息の可能性が指摘された。やがて会津の博士山は福島県全体の自然保護運動のシンボルとなり、県内各地に次々と自然保護グループが誕生した。

「会津は、戊辰戦争に敗れ、逆賊の地とされて長い間、蔑まれた。『政府には反抗できない』という気持ちが実際、今も強くある。白神の運動は政府と闘い、政府から妥協を引き出した。会津の人間にとっても『私たちにもできるんではないか』という勇気を与えてくれた」

会津地方は古くから豊かな農業地帯として知られるが、その農業を支える水は博士山のブナの森を水源にしているのに気が付いた。東京の大資本で地元の大事なものが失われようとしたとき、ブナを守り、森を守ることの大切さを知るきっかけをつくってくれた。会津の人たちにとって、白神の保護運動が教えてくれた最大のものは、こういった〝価値観の転換にある〟と、菅家さんは強調している。

船形山のブナを守る会や、葉山の自然を守る会、博士山ブナ林を守る会のほか、東北各地には数多くの自然保護団体がつくられ、白神はその手本とされた。ブナを考えようという問題意識は、自然保護関係者ばかりでなく一般の人々の間にも広まり、日本の基層文化たる東北のブナ帯文化、縄文文化を論じる契機ともなった。白神の保護運動は、長い間、後進地域として見下されてきた東北の人たちが、自らのアイデンティティーを再発見するきっかけを与えてくれた運動でもあった。

その影響は東北ばかりでなく、全国に及んだ。青秋林道が止まって以来、根深さんは、北は地元の青森県から南は九州・熊本県まで、もう百回以上、自然保護や住民運動をテーマにした講演会に招かれ、白神の保護運動の体験を話している。「白神の成功に勇気づけられた」と、各地で声を掛けられる。全国からつながりを求めてくること自体、白神の保護運動が全国的に大きな影響力を持った証明である。

保護運動の遺産の二つ目は、他の運動にも大きな影響を与えた異議意見書提出の手法である。異議意見書提出は日本自然保護協会が授けてくれたチエだが、この住民に直接民意を問う方式は、林道凍結に向けた基礎づくりとなる大きな役割を果たした。「嫌なものを他から押しつけられたくない。自分たちの問題は自分たちで決める」。これは原発建設の賛否を問う新潟県巻町の住民投票（一九九六年八月）、米軍基地の整理・縮小の賛否を問い掛けた沖縄県の県民投票（同年九月）、産廃処分場建設の賛否を問う岐阜県御嵩町《みたけちょう》の住民投票（九七年六月）など、一連の住民投票方式の先駆けを成すものと位置づけられる意義がある、と言ってよいだろう。白神の場合は、有権者二六九二人の赤石川流域という限定された範囲だったが、県庁職員や役場職員が住民投票の実務作業に当たったのとはちがって、青秋林道に反対する連絡協議会の人たちの手弁当方式による全くのボランティアであった。運動資金などまるでない。しかも地元住民の大半は、赤石川源流で林道工事が行われているという問題の存在自体を知らず、連絡協議会の人たちは周知作業から取り組みを始めた。

住民投票の結果は、何をもたらしたのか。白神も新潟県巻町や沖縄県、岐阜県御嵩町の場合も、共通しているのは知事や市町村長は地方権力かもしれないが、民意を受けた首長の判断は、国の政策へ直接影響するほどの大きな重みを持っていることを示した点だ。そして、首長の判断の内容次第で、結果は天と地ほどの開きができる。住民運動の成果は「首長の判断」に大きく左右されるという厳然たる事実を示した。

保護運動の遺産の三つ目は、異議意見書に託した「赤石川流域住民の叫び」である。ここにこそ、青秋林道を止めた白神の保護運動の「原点」がある。

「鯵ヶ沢の人だったら……、一〇人ぐらいは異議意見書に署名してくれるかもしれない」と不安を抱きながら、勝算のあても何もない中で連絡協議会の人たちが始めた赤石川流域での集会だったが、終わってみれば一カ月足らずの間に一〇二四通の異議意見書が集まった。赤石川流域の人たちは一九四五年の大水害を記憶し、さらに旧弘西林道開通後のブナ伐採により山が荒廃し、川の水が減り、動植物にまで影響が出ていたのを自分の目で見てよく知っていた。そして、それが農林漁業など自然に依存する割合の大きい第一次産業従事者である自分たちの生活にまで影響しているのが分かったからこそ、弘前からやって来た連絡協議会の人たちの訴えに応え、異議意見書にこぞって署名したのだ。

ここで一つ注目したいのは、なぜ赤石川流域住民はこれほどまでに連絡協議会の人たちに危機意識をアピールできたのか、という問題である。大水害や旧弘西林道の経験をしたとしても、同じ津軽地方の農村に生きる人間が、周辺町村の住民とそれほど人間の「質」に違いがあるとも思われない。この点を考えてみたい。

青秋林道が止まるポイントになったのは「ルート変更」にある。そこで再び鰺ヶ沢町の赤石川源流部を書いた図3と、西目屋村を書いた図2を参照していただきたい。

青秋林道のルートは、西目屋村から入って秋田県側に入り、再び青森県側に戻って赤石川源流を横切り、再度秋田県側に入って八森町に抜ける。林道が仮に完成した場合、青森県側で実際に林道を利用できる自治体は西目屋村だけであり、受益者たる西目屋村が青森県側の最大の推進派だった。

しかし、西目屋村の住民も旧弘西林道を経験しており、村内に青秋林道に疑問を持つ人はたくさんいた。現に筆者が取材で西目屋村に出張した際に定宿にしていたダム湖畔の民宿のおばさんは、取材を始めた当時から「あんな林道造ったって、誰も役に立つと思っていませんよ」と、よく話してくれたものだった。確かに強力な林道推進派もいたが、それはダムの水没補償の代替地になっていた民有林の林道が主目的であって、そこから先、原生林に入るルートは〝おまけ〟の話である。推進派の村長自身がそういう考え方だった。しかし、表立って反対はしない。村人はひそひそ声で林道建設への疑問を話していたが、公然と反対しないのは西目屋村が受益者になり、村役場が推進の立場を変えなかったためである。

これに対して鰺ヶ沢町はどうだったか。鰺ヶ沢町では、赤石川源流にルートの一部がかかっていたが、青秋林道は実際には町民が利用できない道で、受益者にはなり得なかった。町役場は林道推進の期成同盟会に入っていたものの、それは行政同士のお付き合いでしかなかった。ルート変更は、赤石川流域住民の知らぬ間に行われていた。青天の霹靂に、住民は怒った。しかも林道の受益者にもなれない。町役場は、はじめからそれほどやる気があったわけではなかった。それだからこそ住民は、しがらみもなく、村八分になる恐れもなく、危機意識を持った上で思いのままに、弘前からやって来た連絡協議会の人たちに怒りをぶつけることができたのである。

ルート変更は、一連の問題の原因をつくった根源ではあった。しかし、裏を返せば、これがあったからこそ赤石川流域住民は自分たちと自然とのかかわりを、自由に物を言える立場に立った上で、きちんと見つめ直す機会が与えられ、その「地元の意思」が結果的に青秋林道を止める原動力になり得たのだった。

世界遺産

保護運動が一定の成果を収めた後、白神がその名をさらに高めたのが世界遺産への登録だった。しかし、その世界遺産登録を契機に、白神の保護運動は変化し始めた。それでは世界遺産とはそもそもいつ、どこから出た話なのか、その経緯をたどってみたい。

三上希次さんの後を受け、一九八八年二月に青秋林道に反対する連絡協議会の三代目会長に就任したのが村田孝嗣さんだ。大量の異議意見書が出され、北村知事や金入政調会長が青秋林道事業の見直しに動き、青森県議会の大勢は林道凍結で固まった。その後は行政が最終的にこの問題にどう結末を着けるかだった。八八年九月、青森、秋田両県が年度内の青秋林道工事見送りで合意、八九年四月、青森、秋田両営林局が白神山地を森林生態系保護地域に設定するとの方針を発表した。九〇年三月、林野庁は白神山地など全国七カ所の国有林を森林生態系保護地域にすると決定、これによって青秋林道の中止が最終的に確定した。村田会長はその間、自然保護団体側の代表として行政と交渉、青秋林道を中止に導く総仕上げの役割を果たした。

九〇年六月十日、弘前市の文化センターで、青秋林道に反対する連絡協議会の解散会が行われた。解散会には運動に尽くした関係者や協力した市民など計約百人が出席、経過報告や歴代会長のあいさつが行われた。

村田会長は、青秋林道中止の目的が達成された理由について①北村知事の見直し発言、②青森営林局の姿勢、③赤石川流域住民の熱意、④青森県民の協力、⑤全国的な保護運動の波——などを挙げて総括した。「だが、問題は決して終わったわけではない。多少の時間を置いて新しい会を組織し、白神を地球の財産として残していきたい」と決意表明して、足掛け九年に及んだ連絡協議会の活動にピリオドを打った。

「白神山地の世界遺産登録」の話が、初めて公表されたのは、ほかならぬこの日の連絡協議会の解散会の場であった。

解散会には、運動を強力に支援してくれた日本自然保護協会の沼田真会長を招いた。沼田会長は解散会の冒頭、「世界遺産条約と白神山地ブナ原生林」と題して基調講演。そして解散会終了後に記者会見し、「日本自然保護協会として、世界遺産の候補地に、白神山地と、石垣島や西表島を含む南西諸島の二カ所を推薦したい」と発表した。

「世界遺産って、何?」——初めて聞くこの言葉に、記者も解散会の出席者も戸惑った。当時、日本はまだ世界遺産条約を批准しておらず、一般には世界遺産という言葉自体が知られていなかった。記者発表から三年後に、白神山地は世界遺産になったが、「世界遺産たる白神の自然をどうとらえ、守っていくか」で、自然保護団体内部でも考え方が分かれ、具体的には入山規制の是非をめぐる論議に変わっていったのである。

三代目会長を務めた村田さんは入山規制に反対する立場だが、世界遺産の言葉が登場した当初の状況について次のように話す。

「解散会で沼田会長が示した内容は、『白神山地は林野庁によって森林生態系保護地域に設定されたが、それは通達にすぎず、今の国内法の法体系では原生林伐採を止めることはできない。白神を世界遺産にすれば、世界の人々が監視する。それによってこれ以上の伐採に歯止めをかけたい。一つの対抗手段である』という趣旨であり、入山規制の話などなかった。やがて『世界遺産』の言葉が金看板になって、独り歩きを始めた。確かに、世界遺産と言われても、行政の側も今までに経験のないことで、戸惑いがあったと思う」

　では一体、入山規制の話とは、どこから出てきた話なのか。

牧田私案＝入山規制論の登場

弘前大学を訪ねたのは、津軽平野も紅葉の季節を迎えた一九九七年十月下旬、大学キャンパス内のナナカマドも赤く色付いていた。自転車でキャンパスに乗り付ける学生たち、学生食堂で談笑する学生たち、自由に学び考える若者たちの風景は、いつの時代も変わらない。

行き先は牧田肇教授の研究室である。青森県側で入山規制論を唱えるのが牧田氏を中心とする「白神ＮＧＯ」グループの人たちだ。研究室で、白神保護の在り方について、基本的な考え方を聞いた。牧田氏はこう語る。

「山は資源である。登山の対象であり、水資源、遺伝子資源でもある。多面的な機能を考えなくてはならない。世界遺産になった白神山地の多面的な機能を、考えうる限り、損なうことなく、われわれは次の世代に伝えていかなければならない責任を持っている」

牧田氏は東京都出身で、専門は植生地理学。一九七八年から弘前大学の教壇に立つ。青秋林道反対運動では、シンポジウムなどで演壇に立ち講演した。また自民党青森県連の政調会や青森県当局の意見聴取の場では、遺伝子資源としての白神山地の持つ意義、白神を流れる各河川を、流域全体を一つの単位として保存することの大切さを強調して、保護を訴えた。

白神山地が世界遺産になった後、牧田氏が出した私案（牧田私案）をたたき台につくられたのが、入山規制を盛り込んだ白神の管理計画である。これがさまざまな方面から批判を招くことになるのだが、牧田私案を語る前に、まず白神の入山禁止・規制論のそもそもの出どころはどこなのか。どんな経緯で管理計画ができたのか。その流れを見てみたい。

白神をどう管理するかは青森、秋田双方で有識者や自然保護団体代表も加えた森林生態系保護地域の設定委員会で話し合われた（八九年八月〜九〇年三月）。この結果、秋田側は原則入山禁止を決めた。森林生態系保護地域が設定されて間もない九〇年五月、秋田県の藤里町総合開発センターに、秋田側の白神山地を取り巻く二ツ井、峰浜、八森、藤里、能代の一市四町村の自治体、商工会、猟友会、内水面漁協の関係者らが集められ、森林生態系保護地域設定について、秋田営林局の橋岡伸守・計画課長から説明が行われた。

設定委員でもあり、その会議に出席した鎌田孝一氏はこう語る。

「会議では、『秋田営林局から、（白神の核心地域には）入山を控えてもらいたい』との説明が行われた。説明の後、質問などを受けられる時間が設定してあった。誰か意見があるのではないかと思ったが、異議を申し立てる発言はなかった」

説明会で結果として異議が出なかったため、秋田営林局の入山禁止の方針を、秋田県側の自然保護団体や自治体は受け入れた形をとる。こうして秋田県側では行政と自然保護団体が歩調を合わせ、「秋田側の白神山地は原則入山禁止」という流れがつくられていった。

一方、青森県側では、森林生態系保護地域設定委員会で、委員になった根深誠さんや村田孝嗣さん、赤石川流域住民代表らは「白神山地では、森と人とのかかわりが古くから継続し、自然が保たれてきた。人々は、林野行政が始まるずっと以前、藩政時代から山村文化を守って生きてきた。営々と続くその営みを断ち切る入山禁止は認められない」と訴えた。営林局側も「山の利用の仕方は、地域によって違っていい」という姿勢で、結局、入山禁止問題については結論が出ないまま灰色決着で設定委員会は終了（九〇年三月）。従来通りの山の利用が認められることになった。

森林生態系保護地域の設定に続いて、白神山地が世界遺産に登録されたのが九三年十二月である。今度は、国がユネスコに白神の管理計画を出さなくてはならなくなった。

世界遺産登録から半年後の九四年五月、白神山地ＮＧＯ会議（後、白神ＮＧＯと改称）が発足した。この組織は、弘前の牧田氏のグループと秋田側の鎌田氏のグループが連携してつくった組織で、議長を鎌田氏が務め、牧田氏は顧問に就いた。世界遺産登録後、秋田営林局で森林生態系保護地域設定の問題を担当、入山禁止を推し進めていた橋岡伸守氏（林野庁官僚）が、森林管理部長として青森営林局に移り、青森営林局長も青森県側の白神について入山禁止の方針を表明した。青森県側の森林生態系保護地域設定委員会で決められたことが、反故にされてしまった。入山者の急増、ごみ報道（実態とは異なっていたが……）なども相まって、白神の入山禁止・規制は、まるで既定路線であるかのように進んでいった。こんな状況の下で、白神ＮＧＯから九五年五月に出されたのが牧田私案である。

牧田私案を出すころの状況について、氏自身の説明からすればこうだ。

当時、国は世界遺産になった白神山地についてユネスコに管理計画を示さなくてはならない時期に差し掛かっていたが、なかなか出さないでいた。「役人ばかりに任せておけない」と、まとめたのが「白神山地世界遺産地域および周辺の保全と管理・運営に関する私案」である。これが牧田私案だ。

牧田私案は、A4判で二十一ページ。考え方の根幹を「世界遺産たる白神山地を、生態系を保って次代に引き継ぐためには、入山規制が必要である」と述べ、具体的にはルート指定による許可制入山や、ガイド付き入山などを提言している。牧田私案の序文に、氏の基本的な考え方が書かれているので、あらためて紹介する。

「森林は、その土台となる地形や地質、周囲をとりまく大気、植物に依存して生活する動物とともに複雑な生態系を構成する。つまり白神山地は、冷温帯の自然生態系としても世界の遺産なのである。生態系はこれを構成するいろいろな要素の、微妙な平衡のうえになり立っている。したがって生態系の自然度を高く保つためには、この平衡を崩さないこと、具体的には人によるインパクトが過大にならないことが重要である。あとで述べるとおり、白神山地を全く人の入れない地域にしてしまうことはナンセンスであるが、人によるインパクトは最少、かつ秩序だったものでなければならない。そうでなければ、せっかくの世界遺産をこのまま次代に伝えることができなくなるだろう。(中略)世界遺産に登録された以上、白神山地をこれまでの法体系や考え方のみで保全していこうというのは怠慢、これまでどおりの利用がすべて許されると考えるのはわがままだろう。これを機に、みんなで少しずつ努力し、少しずつ我慢し、そして大いに知恵を出し合って、白神山地の自然をそこなうことなく次代に伝える方策と、この方策を保障する機構を考えることは、政府や議会の義務であることはも

弘前大学教授の牧田肇氏（弘前大学キャンパス内）

ちろんであるが、同時に私たち一般人の責務であろう」

序文に見るように、牧田氏は「世界遺産」を前面に押し出しているのが大きな特徴だ。筆者のインタビューに対しても、「世界遺産」の言葉を多用した。

牧田氏は、牧田私案を公表すると同時に、この私案を持って白神NGOの幹部と上京し、林野庁や環境庁、文化庁に提出した。青森、秋田県庁にも別途提出した。

それから二年後の九七年六月、環境庁、林野庁、青森・秋田両県などでつくる世界遺産地域連絡会議は、秋田県側は「原則入山禁止」、青森県側は「指定ルート（二七区間）からの許可制入山にする」と発表、七月から実施した。こうしてできたのが白神の管理計画である。管理計画が牧田私案をたたき台に作られたことは、氏自身が認めている通り、明らかだった。

しかし、牧田私案は、さ

まざまな問題を残し、白神問題が迷走に迷走を重ねるきっかけをつくってしまった。

その第一は、手続きの問題だ。牧田私案は、地元の合意なしにつくられた私案である。牧田氏は、青秋林道を中止させたリーダーたちである根深誠、三上希次、村田孝嗣の各氏らに、事前に一切の相談をしていなかった。また、林道を中止に追い込む原動力になった赤石川流域住民にも、事前の説明、相談をしていない。これが大きな反発を招き、後々まで自然保護団体内部を混乱させる原因をつくった。牧田氏は青森県側の自然保護団体の代表者になったこともなければ、住民運動も経験していない。牧田私案を通読するに、青秋林道を中止させた住民運動には一切、触れていない。林道を中止させた肝心の住民運動の成果が、白神の管理計画に反映されていないところに、それがよく表れている。一例を挙げれば、このときの筆者のインタビューに対して、牧田氏は「私案では、西目屋村や鰺ヶ沢町に住むマタギの人たちのように、伝統的に山を利用してきた人たちを蚊帳の外に置いたのは反省すべき点である」と語っている。

次には、牧田私案の内容だが、これはあくまで牧田氏の「仮定」によって構成しているのにすぎない。白神が実際に人為的にどんな影響を受けるのか、将来を予測するバックデータが、何もない。これでは客観性を要求される学者の役割を果たしていない。後日でのインタビューだが、「白神が世界遺産になってから、人為的にどんな影響を受けているのか。データはあるのか」という筆者の質問に対して、牧田氏は「それ以前のデータがないのだから、(そもそも)比較ができない」との回答であった。

地元の合意もなく、根拠とするデータがなければ、何のための私案であり、何を根拠にした管理計画だったのか。「拙速に過ぎる」の批判は免れないだろう。牧田私案に対する批判は、第五章であらためて述べたい。

牧田氏にインタビューを始めて間もなく、牧田氏本人から、同じく白神NGOの幹部の一人である三上正光さんを取材するのが牧田氏自身への取材の条件だと告げられた。正光さんは旧知の人物であり、断る理由はないので了承した。

異議意見書の署名集めのころを懐かしく振り返る三上正光さん

正光さんの経営するアウトドア店は、弘前大学正門の斜向かいにある。久方ぶりに、正光さんの店を訪ねた。

正光さんは、青秋林道の反対運動では異議意見書集めの署名運動の中心になって動き、連絡協議会の三上希次会長らと同行して、異議意見書を直接、青森県庁に提出した人物だ。

「異議意見書の整理作業をしたのは（弘前市）品川町の労山事務所だった。夜中の二時ごろまで、ほんと、みんな頑張った。若かったし、みんな燃えた。青秋林道は一つのもので止まったのではない。住民運動や世論の盛り上がり、時代の背景、政治力も関係した。推進派の計画通りはやれないだろう。落としどころはルート変更かとも思ったが、それでも本当に林道が止まるとは思わなかった」

正光さんも、赤石川流域の集落を訪ね、ビラ配りをした。「おれたちは林業で飯を食っているんだ。弘前から来て何が分かるのか」と、玄関先で追い払われもしたが、「昔の赤石川とちがって今は水がすっかり減ってしまった、と言うおばあちゃんもいた」と、運動に取り組んだ当時をなつかしく振り返る。

正光さんは二十代のころから釣りで白神山地に入り、親しんだ。地元の野鳥の会で長く活動していて、赤石川の二股でシノリガモの繁殖を初めて記録したのが正光さんだ。旧国鉄職員だが、脱サラして九一年四月、アウトドア店を始めた。連絡協議会の会長を務めた三上希次さんの店「ロッキー」は九〇年十二月で店を閉じた。かつて反対運動に取り組んでいた人たちが作戦本部にしていたあの店は、もうない。それまで弘前市内にある個人経営のアウトドア店は「ロッキー」一店しかなかったため、希次さんの店に代わる形で、正光さんが店を開いた。店には弘前大学の学生をはじめ、アウトドア愛好者が日々、出入りしている。

「数から言えば『白神の入山規制は仕方がないだろう』と言うお客さんの方が多い。『そんなの関係なしに、おれは勝手に入る』と言うお客さんもいる。世間でガタガタ言ってるから、おれ自身も世界遺産になってから白神に入る回数はめっきり減った」と、正光さんは言う。

暗門ノ滝周辺は、人は多いが、赤石川はかなりきれいになっている。営林署が奥赤石川林道のゲートを閉じたため、赤石川の源流まで入りにくくなったという事情もあるが、世論の厳しさも影響しているらしかった。

「反対運動に取り組んでいたころはよかった。だが、もし青秋林道が止まったらどうするのか、後のことを考えなかった。『おまえたちが林道を止めたから世界遺産になったんだろう。だからおまえたちで考えろ』と言うお客さんもいる。しかし、世界遺産は突然、降ってわいたような話で、正直言ってわれわれは戸惑い、かえって困った。これからの白神をどう守っていくか、民間での議論がなく、行政側に押しつけたと言えなくもない」

世界遺産登録後に白神の保護の在り方を民間レベルで考えようと発足したのが白神ＮＧＯで、正光さんはその主力メンバーの一人だが、同じ白神ＮＧＯの会員の中でも考え方はさまざまある。正光さんは「入山禁止は反対。緩やかな規制はやむを得ない」の立場をとっている。

例えば入山の形態。世界遺産地域連絡会議が決めた許可制入山は、入山申請を希望日の七日前までに営林署に直接持参、または郵送しなくてはならない、とした。しかし正光さんは「入山の際、電話一本で済む程度の申告制でいいのではないか。一般の山に登るときと同様の、登山カードに記入するのと同じくらいに考えられれば気が楽だ」と、手続きの簡素化を提案する。また指定ルートについては「義務づけられる感じがするので、要らない。入る人の責任でルートを選べばよい。指定ルートだから道があるんじゃないかと誤解され、かえって事故を招く恐れがある」と指摘する。

牧田私案にある許可制、ルート指定の入山方式を、正光さんは必ずしも支持はしていない様子だった。グループの中でも、考え方に違いはある。取材の終わりに、これからの白神問題をどう見るか、聞いた。

「白神が世界遺産になったことに対して、われわれは責任を持っている。『全くの自由入山』とはいかないだろう。ただ『規制』といっても、人によって内容の考え方に幅がある。いろんな人の考え方があるのだから、無理に一つにまとめようとする必要はない。固定観念にとらわれることなく、将来を見据え、今まで運動に取り組んだ人たちばかりで垣根をつくるのではなく、新しい人を含めて物を考えていかなくては、と思う」

入山規制反対論

白神山地の世界遺産登録後、入山禁止・規制に向けた動きが強まる中、これに疑問を持つ人たちが集まって結成したのが「白神市民文化フォーラム」である。青秋林道に反対する連絡協議会元会長の村田孝嗣さんや、草創期から反対運動に携わってきた根深誠さん、菊池幸夫さんら五人が世話人になって九五年八月、会員四〇人で発足した。

村田さんは会結成の趣旨をこう語っている。

「入山禁止・規制の考え方は、青秋林道を中止させた住民運動の理念と違う。このままでは別の展開をしてしまうんではないかという危機感をわれわれは抱いた。白神の保護運動が教えてくれたのは人と自然とのかかわり、共存であり、そこをもう一度考え直す必要を感じた」

白神市民文化フォーラムは①人間が壊してきた白神山地本来の自然を修復しながら保全することを目指す、②白神山地の自然をはぐくんできた地域の文化を大切にし、人間を排除することなく、人間と自然が末永くかかわりを保てるようにする、③白神山地の自然と文化について、市民が学びながら親しめるようにする――と会の結成目的を明記。シンポジウムを開いたり、関係機関に意見書を提出したりするなどして「人と自然との共存」を訴え、啓発運動に取り組んでいる。

村田さんは白神市民文化フォーラムを代表して連絡会議に意見を反映させる世界遺産地域懇話会の委員となり、入山禁止・規制反対を訴えてきたが、結果的には禁止・規制派に押し切られる形となった。

「行政が管理計画をつくる際に、地元から意見を聴いたのは一回だけで（九五年九月）、住民から意見を聴こうという姿勢が足りないと感じた。懇話会の話し合いでも入山規制を前提にしていて、『なぜ入山規制が必要なのか』の議論がなされなかった。確かに『世界遺産だから保護しなくてはならない』という保護優先の考え方が、一般には受け入れやすいという側面があるかもしれない。そこから自然を管理していこうという方向に向かってしまった。しかし、白神の保護運動の教訓とは人間排除の論理ではない。人と自然との調和であり、失われた自然の再生である。自然保護ごっこは、このへんでやめにして、自然の回復に本格的に取り組む時代になってきていると思う」

村田さんはこう語り、白神の保護運動から導き出されるのは「自然の回復、再生だ」と訴える。

自然の再生は青秋林道建設反対運動の際、林道を止める原動力となった赤石川流域の住民集会に深くかかわった人たちに共通している考え方だ。集会に参加した住民や連絡協議会の人たちは、白神の保護運動の教訓を次のように語っている。

▼吉川隆さん（赤石川流域住民）の話

「運動が教えてくれたのは、白神の周辺に森を復活させることだ。杉の育たないような高地に植えても、杉は育たない。ブナやサワグルミの森を復活させれば、クマの棲む場所も増えるだろう。世界遺産になってやるべきことは、観光開発でもなく、入山規制でもない。白神を、昔あったような本来のブナの山に戻すことだ」

▼石岡繁春さん（同）の話

「白神には、杉を植えても育たない。ブナを植えて元の山に戻せば、赤石川の水も増えるだろう。自然を少しでも元に戻すのが今、大事で、それを教えてくれたのがあの運動だった」

▼成田弘光さん（共産党鯵ヶ沢支部）の話

「森は川であり、海である。『自然を取り戻せ』という住民の熱い思いが、あの運動の原点だった。それなのに、入山規制とかいうヘンな方向に向かってしまった」

▼根深誠さん（連絡協議会）の話

「赤石川流域住民が訴えていたのは『失われた自然を呼び戻せ』という叫びだった。そこから考えれば当然、自然の再生、森の復活に行き着く。世界遺産周辺の森の復活こそ、今取り組むべき大事なテーマだ」

▼菊池幸夫さん（同）の話

「意味のない管理をしている暇があったら、森の復活の作業に時間を充てるべきだ。三百年かかっても、白神にブナの森を復活させよう」

▼三上希次さん（同）の話

「これからやるべきことは、おれたちの世代までの人間が破壊してきた分の自然を、どれだけ再生させていくかだ。それは山に限らない。リンゴ畑でも田んぼでも、この大地に与えた害を取り除いていくことだ」

赤石川流域住民や、集会に携わった連絡協議会の主力メンバーは「自然を返せ」「赤石川の水を返せ」という叫びを、集会を通じて肉感的に感じ、「森の再生」こそがこれからのテーマになるべきだと一様に指摘している。世界遺産になるために白神の保護運動に取り組んだわけではない。世界遺産は、白神の保護運動が生んだ結果の一つにすぎない。より大事なのは「自然の再生」である、という考え方だ。

「青秋林道の反対運動は、林道が止まった時点で、あれはあれで終わったものだ。過去の反対運動と、世界遺産になった白神をこれからどう守っていくかという問題は連続していない。別物だ」というのが白神NGOの牧田肇氏らのとらえ方である。

一方、「白神の保護運動は終わっていない。なぜなら、赤石川の水は元に戻っていないからだ。白神の保護運動と世界遺産は連続しており、保護運動の延長線上に世界遺産は位置づけられるべきだ」というのが白神市民文化フォーラムの村田孝嗣さんや根深誠さんらのとらえ方である。

牧田私案には、赤石川流域住民の運動の成果については一切、触れられていない。両者の違いは、青秋林道反対運動における赤石川流域住民の果たした役割の評価の違いに、はっきりと現れている。これからの白神をどうするか、発想の機軸を「世界遺産（結果の一つ）」に置くのか、赤石川流域住民に代表される「保護運動の遺産（経過と教訓）」に置くのか、どちらに置くのかで結果は大きく異なる。青秋林道反対運動のころ、運動に取り組んでいた人たちの発想は「白神を守れ」という一本の機軸だった。それが、林道が止まり、世界遺産になると、発想の機軸が「世界遺産」と「保護運動の遺産」の二つに分かれた。

　こうして、かつては一致して青秋林道反対運動に取り組んだ同じ弘前の自然保護団体の内部に、二つの流れが形成されていった。その発想の違いは、当時の青秋林道反対運動への、各人のかかわり方のちがいに起因しているのではないか、というのが筆者の見方である。

知事からの宿題

ここで今一度、青秋林道はなぜ止まったのかを考えてみたい。

青秋林道を止めたのは、復習すればルート変更により生じた青森、秋田県の県民感情のぶつかり合いであり、北村正哉青森県知事のメリット・デメリット論による現実的な政治決断である。県民感情や、メリット・デメリット論など、自然保護の理念からすれば、現実に林道を止めたのは極めて俗っぽい理由だった。「赤石川の水を返せ」という赤石川流域住民の叫びは、人と自然とのかかわり合いを考えさせる大きな契機となり、住民の意思が「地元の要望」だったはずの青秋林道建設計画の前提条件を突き崩す原動力となったが、住民の叫びの中身が果たしてどこまで届いたのかは、別問題である。現に、反対運動に取り組んだ人たちの間でさえ、赤石川での住民集会に対する周知の度合い、評価は徹底しておらず、そのブレが後々まで尾を引き、白神の保護の在り方をめぐって迷走ぶりを演出しているように、筆者には感じられた。

これらの問題を振り返り、草創期から運動にかかわってきた根深誠さんは「北村知事と対面したときのやり取りが、運動全体の意味を考えさせる象徴的な場面だった」と述べている。

青森県議会で青秋林道事業の見直しを答弁した北村知事に、お礼を述べるために記者に伴われて知事室に入った根深さんだったが、知事に「理解を示していただいてありがとうございました」と言ったところ、知事からの返事は「おれはおまえの味方ではない。カンちがいするな」の言葉で、ピシャリとやられた。この言葉は、根深さんには相当のショックだった。根深さんはその後、ずっと北村知事から投げ掛けられたこの言葉の意味を考え続けた。

「青秋林道を止めたのはメリット・デメリット論であり、自然保護に対する理解で林道が止まったわけではない。『おれはおまえの味方ではない』という北村知事の言葉は、まさにこの問題の本質を突いていた。人と自然とはどうかかわっていくのかをとらえ切っていない。行政側も民間の側も未成熟の段階で、自然に対する共通理解を持っていないという点を突いた。北村語録の中でも最高の名言だと思う。いろいろ考えさせられた」

後に白神の現場を見てブナの森に魅せられ、世界遺産登録のために尽力した北村知事だが、青秋林道の見直しを決断した時点では、山の現地を見ておらず、判断の基準はメリット・デメリット論だった。北村知事こそ青秋林道を止めた行政側の最大の功労者であり、根深さんはもちろん、北村知事を批判しているのではない。いわんとするところは、当時の状況が行政も民間も自然保護の中身を突き詰めて問い直し、人と自然とのかかわり方はどう在るべきかという点の共通認識を持たないレベルにあった。「未成熟のままで林道が止まったからこそ、将来の方向が定まらず、保護の在り方を巡って揺れているのではないか」と、根深さんは指摘しているのである。

青秋林道を止めた白神の保護運動は、自然保護史上に残る「大きな勝利」だったが、決して「完全勝利」ではなかった。「未完だからこそ、白神の保護運動はまだ終わっていない」という認識がここから出てきている。

根深さんは、北村知事にピシャリとやられた後、「こりゃ、まずい」と思った。北村知事が判断基準にしたメリット・デメリット論に対抗する論理をどう構築していくか。「未完」の部分を、どう「完成」にもっていくか――これが北村知事から根深さんに与えられた宿題だった。

考え、模索し、行き着いたところが「森の再生」であった。

「北村知事のいうメリット・デメリット論は、たとえば林道は、木を切って経済的利益を挙げるために利用するものだが、青秋林道は木を切ることさえできない所に造ろうとした役立たずの林道だから事業の見直しを決断した。この考え方の基本は消費型のメリット・デメリット論だ。消費型のメリット・デメリット論に対抗できるのは、創造型のメリット・デメリット論ではないだろうか。原生林の森は残し、周辺の荒れた山に森を再生させることが水資源を確保し、農業・漁業の振興にもつながる。長いスパンで見れば、これが消費型に対抗できる創造型のメリット論になる。北村知事への回答はこれだ」。根深さんはようやく答案用紙に鉛筆で記入する段階までたどり着いたのである。

日本山岳会会員でもある根深さんは、白神山地の森の再生事業を実行するために、日本山岳会に働き掛けた。九四年、日本山岳会自然保護委員会の一行を白神に案内、暗門ノ滝から入り、赤石川、天狗岳を案内した。根深さんが森の再生事業の現場に想定しているのは赤石川上流の櫛石山周辺である。白神山地のほぼ中央に位置し、世界遺産に隣接する区域だ。周辺は緩斜面が広範囲に広がり、かつては白神山系で最も美しいブナの森が広がっていた所だと、当時を知る人の誰もが言う。旧弘西林道から奥赤石川林道が延びて、その後は無残なまでに伐採されたが、もし櫛石山から櫛石ノ平周辺に

奥赤石川林道を行く。櫛石ノ平周辺では、稜線近くまで伐採地が広がっていた（1987年秋、白神山地）

かけて、かつてのブナの森が残っていたら、その区域こそ世界遺産の核心部になっていただろうことは疑いない。櫛石ノ平は白神山系で最も集水域が広く、その下流の赤石川流域住民の決起が青秋林道を止める原動力になった。弘前や青森市民を対象にしたブナの観察会も、櫛石ノ平を会場に行われた。櫛石山から櫛石ノ平にかけたその区域こそ、白神の保護運動を象徴する場所である。

奥赤石川林道の終点に山小屋を建てて、森の再生事業のベースキャンプとし、地元住民や都会の子供たち、白神に入る登山者にボランティアの協力を得て事業に取り組もうと、根深さんは青写真を描く。九八年からブナの苗の育成に取りかかり、二〇〇五年の日本山岳会創立百周年記念事業の一つとしてブナの植樹祭を大々的に実施したい、と言う。

「植林事業が実を結ぶのは百年先か二百年先になるか分からないが、森の再生の文化を社会に定着させたい。白神で、その種火を付けたい。青秋林道を止めたのは『水を返せ』という赤石川住民の熱い思いがあったからだが、その赤石川の水は返っていない。櫛石ノ平にブナの森を再生させ、赤石川の水を呼び戻したい」と、根深さんは希望に胸を膨らませる。

八森町は今

ブナの森の再生事業は、白神だけに限ったものではない。既に各地で取り組みが行われている。注目したいのは、青秋林道建設反対運動のころ、最後まで林道推進の強硬姿勢を崩さなかった秋田県八森町（八峰町）で、白神のブナの植林運動が始まっていることだ。

八森町でブナの植林事業に取り組んでいるのは民間ボランティア団体「白神ネイチャー協会」の人たちで、一九九七年に発足した。秋、白神でブナの実を拾い、青秋林道秋田工区の入り口に造られた町営の森林科学館「ぶなっこランド」の敷地内で、箱に入れて種をまき苗を育成。白神の秋田側にある町有地に移植する事業だ。

白神ネイチャー協会の会長が工藤英美さん（小学校校長）で、町の振興審議会の委員も務めていた。その経緯をこう語る。

「振興審議会で、白神山地の世界遺産の部分には手を付けずに、自然を壊さない形で人間に利益をもたらす方法はないかを話し合った。八森町側の白神山地は世界遺産周辺のブナが伐採され、杉の植林が行われたが、この杉の育ちが悪い。それならばブナを植えてみてはどうだろうという話が出た。これがきっかけになって民間のボランティア団体をつくりブナの植林に取り組もうと話が進んだ」

白神ネイチャー協会の会員は約三〇人で、会社員、公務員、農業と職業はさまざまだが、この中には多数の漁業者が含まれている。「秋田名物八森ハタハタ、男鹿で男鹿ブリコ」と、秋田音頭で知られる八森町だが、その名物のハタハタが捕れなくなり、禁漁にしてハタハタ資源の回復を待たなければならなくなるほど漁業不振が続いた。「磯焼け現象でハタハタの産卵場所がなくなってきた。これはどうも山が荒れたのに関係があるんじゃないか」と、漁民は気付き始めた。

「かつて、八森町は青秋林道推進派だったが、実際に林道建設に賛成していたのは町民の半分もいなかった。小さな町だから、争いごとを避けようとして町民の半分は静観していたのにすぎなかった。青秋林道が止まり、様子が変わってきて、それまでこらえてきた人たちが動き始めた」と、工藤さんは語る。青秋林道の中止、白神の世界遺産登録が、町民の意識を少しずつ変え、人と自然とのかかわりを考え始めてきた、といえそうだ。

八森町の青秋林道終点、青森との県境にある山が「二ツ森」だが、その二ツ森と真瀬岳《ませだけ》に源流を発する真瀬川は、八森町の真ん中を流れて日本海に出る。真瀬川の河口から約百メートル沖に、山と同じ名前の「二ツ森」と呼ばれる二つの岩場があり、かつてはその岩場周辺がハタハタの有力な産卵場所だった。八森町は山に「二ツ森」、海に「二ツ森」の二つの「二ツ森」を持っている。ブナの森再生事業のキャッチフレーズは「白神　山の森　海の森　二ツ森づくり」だ。八森町は「森」の付く地名が多いのに気づく。山は豊かな森に覆われ、ハタハタがいくらでも捕れた時代があった。住民は、百年後、二百年後を見据え、ブナの森を再生し、ハタハタ漁の復活に願いを託しているのである。

尾瀬、そして白神

青秋林道の反対運動が天王山を迎えていたころ、思いを巡らしたのは日本の自然保護運動の原点たる「尾瀬」であった。そして、その後の入山規制をめぐる論争が熱を帯びたころ、思いを巡らしたのも、やはり「尾瀬」である。

筆者は五年間の青森勤務を終えた後、いったん仙台市の本社に戻り、次に福島県の会津若松支局に勤務したのは先に述べた。支局に勤務した三年間で七度、尾瀬を訪れた。尾瀬は会津と上州、越後の山並みに囲まれ、尾瀬沼と尾瀬ヶ原が盆地のようにしてあり、只見川の源流がそこを流れている。その集水域に一五、六軒の山小屋があり、宿泊や飲食の提供をして経済活動を営んでいる。尾瀬を訪れ、山に登り、何軒かの山小屋を訪ね歩いて話を聞き、自然保護団体からも取材した。そして尾瀬の歴史とは、山小屋関係者と自然保護団体との間の長い対立の歴史でもあったことにあらためて気付いた。

例えば、山小屋から出る生活雑廃水を、一部の自然保護団体は「尾瀬の生態系を壊すもの」と厳しく指摘した。山小屋の経済活動そのものを否定し、只見川の集水域からの山小屋撤去を求める声まで出た。尾瀬自動車道路の計画が進められたとき、反対運動に立ち上がったのが山小屋経営者の一人である青年・平野長靖氏である。尾瀬の道路を止めた功労者たる山小屋の人たちと、「尾瀬の自然を守れ」と叫ぶ自然保護団体の人たちが対立する構図は、何とも皮肉な光景だ。

戦後流行した「夏の思い出」のメロディーに乗って尾瀬は有名になり、尾瀬の自動車道路を止めて、さらに名は高まった。「尾瀬の自然はそれほど素晴らしいのか」と、名が高まるに従って入山者が増えた。一方で「尾瀬は貴重な自然の宝庫。人が入ることで生態系が破壊される」と、次第に入山規制論が台頭していった。「山小屋の生活雑廃水が原因でミズバショウが異常に成長してオバケミズバショウになった」とか「尾瀬には一シーズン、百万人も入山する。オーバーユース（過剰利用）が緊急課題だ」といった報道が一時、盛んになされた。オバケミズバショウと生活雑廃水との因果関係は諸説あって筆者には真相は分からないし、入山者数の適正規模がどの程度なのかも分からない（筆者の会津若松支局勤務時代の一九九〇年代前半は、入山者は五〇万人以下だった。その後は不景気で減少傾向が続いたほどだが……）。ともかく、尾瀬の道路が止まり、自然の貴重さがうたわれ、センセーショナルな報道が先行すると、「保護」の側面が前面に押し出される論調を生んだ。

尾瀬と白神は、地理的環境も歴史も入山者の状況も異なり、単純比較はできないかもしれない。しかし、筆者には「尾瀬」と「白神」のたどった足取りが、二重写しに見えてくる。

青秋林道が止まり、さらに世界遺産になったことで白神は有名になり、「日本にまだそんなすごい自然が残っていたのか。本物の自然が見てみたい」と、全国の人々の関心を高めた。次いで「入山者が増え、白神岳の水から大腸菌が検出された」とか「ブナの幹を傷つけた落書きを見つけた」といった報道がなされた。大腸菌が本当にあったとする人と、なかったとする人の両方の主張があって真偽のほどは分からないが、白神岳や暗門ノ滝などアプローチのしやすい所は入山者が増えても、それ以外はそれほど人が増えているわけでもない。また、ブナの幹の落書きは、ずっと以前からあった。落書きは決して好ましいものではないが、古くからナタ目といって、幹に何かの形を削って目印にしたり、「水神」の文字を刻み、水源を祀ったりした。木に何かを刻む行為は今に始まったことではない。ともかく、センセーショナルな報道が盛んに行われ、尾瀬と同様、白神は有名になるに従って「保護」の側面が前面に押し出され、入山規制論が台頭していった。

道路を止めて有名になり、その自然の貴重さが広く認識された結果、「保護」の側面が異常に押し出され、人間排除の論理に向かっていったという点で、尾瀬と白神は軌を一にしているとはいえないだろうか。尾瀬の歩みを、白神がまるで後追いしているようにも見える。

貴重な生態系を守ることは大事なことだし、それ自体を否定するものではない。しかし、生命を賭して尾瀬の道路を止めた平野長靖氏は、人間を排除した形で尾瀬を守るのを目的にしたのだろうか。人と自然とのかかわりを考えるのが、その後の平野氏の役割だったはずだが、無念にも遭難死してしまった。

青秋林道を止める原動力となった赤石川流域住民は、人間を排除してまで白神を守ろうとしたのだろうか。事実は逆で、住民は「世界遺産になったおかげで山に入りにくくなった」と、怒っている。「青秋林道はなぜ止まったのか」という部分を欠落し、世界遺産というブランドばかりが独り歩きを始め、いつの間にか反対運動を担ったはずの住民まで排除してしまった。「結果」だけを見て「経過（プロセス）」を見ていない。これが保護運動の「不連続性」を生んだとはいえないだろうか。尾瀬を守ったのも白神を守ったのも、その自然に最も身近に接していた人たちであり、そうして、忘れてならないのは、人と自然とのかかわりなしには、自然を守ることさえできないという事実である。

白神山地の入山規制は、環境や状況に変化があれば、その時点で見直し作業を行う、としている。入山規制派、反対派の論争はまだまだ続くだろう。だが、「世界遺産」という結果の一つから議論を始めては、決着は大変難しい。「青秋林道はなぜ止まったのか」という「原点」に立ち返り、「経過」から議論するのが最も大事なことではないだろうか。保護運動の先達たる尾瀬も、今なお「総量規制」をめぐる議論が続いている。尾瀬の保護運動もまた「未完」であり、人と自然とのかかわり合いはどうあるべきか、われわれはこの問題にまだ解答を得ていないのである。

道路を止めるために、尾瀬の保護運動も白神の保護運動も、尊い犠牲を払った。尾瀬の保護運動は、一人の青年を死に追いやった。白神の保護運動は、死人こそ出さなかったものの、会社をクビになった根深さんをはじめ、運動で負債が重なったのが一因して店を閉じた三上希次さん、あるいは組織にあったものは左遷されたり、追放されたりした者が何人もいた。白神の保護運動に深くかかわった人間ほど、かかわり合いの深さに比例するように、人々は傷ついた。傷を負った人間ほど、「世界遺産」という結果だけの議論に組みしないことを、特に付記しておきたい。

厳冬の白神山地（尾太岳から）

初版・あとがき

　青秋林道建設反対運動の中心になった自然保護団体の人たち、これに応じて決起した住民たち、それらの声を受け止め、林道中止に動いた政治家や行政官たちを、春から訪ね歩いた。あれから十年の歳月が流れた。しかし、みな当時の体験を生き生きと記憶しており、彼ら一人一人がこの問題を舞台に人生ドラマを体験したかのように、昨日のことのように語った。事実の重みをしっかり感じさせた再会の旅であった。

　取材している間、ある人から「入山禁止・規制の問題で、秋田県側の取材はしないのか？」と問われたことがある。筆者が青秋林道の問題で秋田県側の取材をしたのは秋田市で開かれたブナ・シンポジウム（一九八五年）と、自民党青森県連政調会の現地調査に同行（八七年）、それと能代市で開かれたシンポジウム（八八年）の三回。それに青秋林道の秋田工区の現地を見た。今回は秋田県側の何人かに電話取材したり、八森町（八峰町）を訪れたりした程度である。秋田県側では、個々には入山禁止に反対する意見を持っている人はいても、組織だって入山禁止に反対する動きにはなっていない様子だ。秋田県側の入山禁止区域は粕毛川源流域だけであり、面積が小さい。青森県側は、大川、赤石川、追良瀬川、笹内川と四つの大きな河川の源流域を持ち、白神山地の中で、合計すれば広大な面積を占める。仮に、同一条件の入山規制の網をかぶせるとしたら、影響の度合いがまるで違ってくる。

また、青森県と秋田県では、白神の保護運動自体が本来、別物である。人脈もない秋田県側を駆け足取材してもどれだけの成果が挙がるのか、筆者の手に余ると判断して差し控えた。青森県側には青森県側の事情があるように、秋田県側には秋田県側の事情があるのであろう。同列に考えようとするところに、そもそもの無理がある。むしろ、青森と秋田の運動を別物に考えないために、これまでさまざまな混乱が起きているのが実情だ。

ただ、一つ指摘しておきたいのは、「青秋林道はなぜ止まったのか」という問題について、秋田県側の自然保護関係者は、具体的に知っていない、という点だ。林道中止を決定づけたのは赤石川流域での住民集会であり、北村正哉青森県知事の見直し発言であり、金入明義氏ら自民党青森県連政調会の現地調査だが、それらの場に秋田県側の自然保護関係者は誰一人として立ち合ってはいない。

青秋林道に反対を訴える自然保護の動きは、青森、秋田両県とも林道工事を直前に控えた八二年から本格的にスタートした。一連の動きの中で、まず秋田県側の自然保護団体の動きが目立ったのは事実である。これは本書の「ルート変更」の稿で述べたように、当初の計画では秋田県側が先に原生林に突入する予定になっていたため、それだけ危機感が強かったからだ。その結果、ルートが青森県側に変更されたが、その時点で秋田県側の青秋林道反対運動は事実上、終わったのである。なぜなら、建設中止を求める林道予定地の「現場」が、ルート変更によって自分の県内から消えてしまったからだ。青森県側の反対運動は、このルートを再び秋田県側に押し返そうという運動であり、最後は中止に追い込んだ。青秋林道を中止させたのは青森県側であって、決して秋田県側ではない。この経過をまとめたのが本書である。

秋田県側の自然保護関係者は、青秋林道が止まった理由を具体的に説明できないはずである。青秋林道が中止に至るポイント、ポイントの場面に、秋田県側の自然保護関係者は誰も居合わせていないのだから。それはつまりは、秋田県側の自然保護団体の訴える入山禁止論とは、「世界遺産」という結果だけ受け止め、「青秋林道はなぜ止まったのか」という視点を、はじめから欠落しているのである。

筆者は、青秋林道の問題で大勢が「林道凍結」に傾いた後、青森勤務を離れた。その後の入山禁止・規制をめぐる論争で、かつて一致団結して反対運動に取り組んだ仲間たちが、意見を異にしていった状況を、風のたよりに聞かされた。「なぜそうなってしまったのか」、知らせを聞く度に、心が病んだ。「意見の違いがあっても、もう一度、みんなで協力し合えないだろうか」。そんな願いが、本書に取り組んだ動機の一つである。それには問題発生の当初からの事実関係を整理し、あらためて検証する必要性を感じた。

青秋林道に反対する連絡協議会の活動は足掛け九年にわたったが、「林道凍結」に傾いたのは八七年の秋から冬にかけてであり、赤石川流域での異議意見書集めの住民集会が始まったときから北村知事が県議会本会議で事業の見直しを正式に答弁するまでの一カ月半足らずの間に起きた出来事だった。それまで絶望的な気持ちで運動に取り組んでいた人たちも、あれよあれよという間の事態の急展開に驚いた。運動の渦中にあって、各人がどんな動きをしていたのかもよく分からない。異議意見書集めと集計、赤石川流域の住民集会と、まるでパニック状態で、周りの人間の動きを冷静にとらえる余裕など誰にもなかった。そして林道は止まり、世界遺産になったことで白神問題は終わりだろうと筆者自身、錯覚した。「世界遺産」の言葉に、ある意味では「幻惑」され、それまでの経緯・意義を第三者がきちんと総括して記録する作業を怠った。それは当時、取材に携わったわれわれ記者の側の責任である。

筆者自身は、入山禁止や規制に反対する考えを持つ。それは赤石川流域で開かれた集会に取材で何度も通い、「赤石川の水を返せ」という住民の叫びを生で聞き、肉感的に感じ取ったからである。それほど、住民が目覚め、自ら立ち上がっていく姿を目の当たりにした一カ月間の赤石川流域での住民集会は、実に感動的だった。反対運動の結果、林道は止まったが、その後に入山禁止・規制の方向に向かっていくのを見て、「そんなはずではなかった」と感じたのは、赤石川の集会を、取材を通じて筆者自身が体験したからである。

白神の入山規制問題を取り上げるマスコミの論調は「はじめに世界遺産ありき」の視点からアプローチしているため、いくら議論しても規制の是非についての水掛け論に終始し、空回りしてしまっている。過去の経緯を知らないと、どうしても世界遺産という「結果」から入ってしまいがちだ。ここに落とし穴がある。白神の保護運動の原点は「水を返せ」という赤石川流域住民の叫びであり、世界遺産は後からついてきた話にすぎない。

しかし、入山規制をめぐる論争は、過去の経緯が複雑に絡み合って、決着をつけるというのはなかなか難しい。その議論は議論としても、議論に費やすエネルギーの半分でも、ブナをはじめとした広葉樹の植林事業にみんなが協力して取り組むことはできないだろうか。「森の再生」には入山規制派、反対派の誰も反対する人はいなかった。

あるいは「種沢」という発想もある。例えば福島・新潟県境にある銀山湖（奥只見ダム）には五本の川が流れ込んでいるが、このうちの一本の北ノ又川を、イワナの種沢として永年禁漁にしている。これは魚資源の枯渇防止と観光事業の両立を目的に、銀山湖をこよなく愛した作家の開高健や地元の内水面漁協、民宿組合などが協力して実現した。この方式を白神に採用できないだろうか。

白神のこれからの保護の在り方を考えることとは、入山規制の是非をめぐってエンドレス・ゲームを展開するのではなく、ブナの森の再生事業や魚資源の確保など、失われた自然を具体的な形でどう取り戻していくかを議論することではないだろうか。

最後に、忙しい中、時間を割いて取材に応じてくれた方々にお礼を述べなくてはならない。ありがとうございました。本書には政治に携わる人たちが何人か登場する。政界再編でその後、所属する政党が変わった人もいるが、本書では当時のままとした。また、この機会を与えてくれた緑風出版、そして陰に陽に協力してくれた筆者の勤務する新聞社の上司、同僚、後輩たちに感謝したい。なお、本書に収めた写真・イラストは筆者による。

今さら泣き言を言うつもりもないが、赤石川流域の住民集会の取材は実際、大変だった。弘前グループの人たちは往復三時間かけて鰺ヶ沢町の赤石川に通ったが、筆者は青森市から往復五時間かけて通った。青秋林道の取材では西目屋村へは通い慣れていたが、赤石川はほとんど初めてに等しかった。

赤石川流域での一回目の集会が行われたのが八七年十月十九日夜。日常の仕事を早めに切り上げて青森市から赤石川に向かって車を飛ばした。筆者はもともと、車の運転が得意な方ではなかった。今にして地図を見ると、あれは赤石川流域の姥袋地区あたりだと思う。道に迷い、引き返そうとしてバックしたら、車体の後ろ半分が田んぼにずり落ちて動かなくなった。日没も過ぎ、周りは真っ暗。初めての土地で途方に暮れていると、近所の農家の人たちや小学生や中学生たち計一〇人ぐらいの人たちが集まってきて、みんなで車を引き上げてくれた。再び車を飛ばし、集会にはぎりぎりセーフで間に合った。車を引き上げてくれた人たちの善意がどれほどありがたかったかしれない。あの人たちの協力がなかったら、青秋林道、白神山地の運命の分かれ道となった一ツ森地区での第一回集会の貴重な取材メモは、残らなかったかもしれない。心からお礼申し上げたい。ありがとうございました。

一九九八年、冬。

第5章
白神は今

ブナ林再生事業

　澄んだ初夏の青空、周囲の山並みは、みずみずしい緑一色に染まっていた。スコップで斜面の土を掘る。そのスコップを握る手に、汗がにじんだ。

　二〇〇五年六月二十五日、青森県鰺ヶ沢町地内、白神山地の櫛石山（七六四メートル）の登山道入り口周辺で、日本山岳会の創立百周年に合わせて取り組まれた「白神山地ブナ林再生事業」の記念植樹が行われた。イベントには、日本山岳会本部からは大塚博美前会長、芳賀孝郎副会長らが顔を見せた。参加者六〇人が、杉の生育が不良な場所を選び、藪を払い、三〇株のブナの苗を植えた。

「ブナよ、大きく育て」

　稚樹が大木に成長するのは五十年も百年も先のこと、具体的な成果が現れるのは次の世代になるだろう。そのころ、家族はどうなっているのか、日本の国はどうなる？　参加した人たちに、それぞれの思いがあったにちがいない。

「森の再生とはいっても、はじめは何も分からなかった。場所探しから始めた。ブナを育てるにはどんな方法がいいのか、教えてくれる人は誰もいない。試行錯誤の連続だった。ようやくここまで来たか、というのが正直なところ」

日本山岳会青森支部の主催で行われたブナ林再生事業。プロジェクトリーダーを務めた村田孝嗣さん（中学教師、「青秋林道に反対する連絡協議会」三代目会長）は、感慨深げの様子だった。

白神のブナ原生林を守った一九八〇年代の保護運動、林道計画を中止に追い込んだ原動力は、「水を返せ、森を返せ」と署名運動に呼応した地元鰺ヶ沢町の赤石川流域住民の叫びであった。であるならば、これから必要なのは「森林伐採で失われてしまった自然を、元に回復させること」にあるはず。林道建設反対運動に立ち上がった弘前の市民グループが学んだ教訓であった。

日本山岳会による白神でのブナ林再生事業に先鞭をつけたのが根深誠さんだ。青森営林局との許可交渉などに奔走した。創立百周年記念の植樹祭に駆けつけてくれた日本山岳会の大塚前会長は、根深さんの明治大学山岳部の先輩であり、終始、中央でバックアップした。タネをまいた根深さん。これを受けてボランティアを募り、日程を組み、事業を切り盛りし、育て上げたのが村田さんだった。フィールドを選ぶための現地視察を行ったのが一九九九年六月で、同年九月に一回目の作業を実施した。こうして白神山地のブナ林再生事業がスタートした。

場所は、櫛石山の北斜面。世界遺産に隣接する地域であり、かつてはその一体が、白神の中でも有数の巨木の繁る森だった。森林管理署の体験林業の制度を利用して、登山道の周辺約三〇ヘクタールの山林の提供を受けた。標高は六〇〇～七〇〇メートル。杉の造林地だが、多雪地帯で、よく育たない。成長不良の杉や灌木を取り除き、ブナやカツラの稚樹に光を当てる。針葉樹と広葉樹の混交林の森に再生させようというのが事業の狙いだ。

図5　白神山地・櫛石山周辺

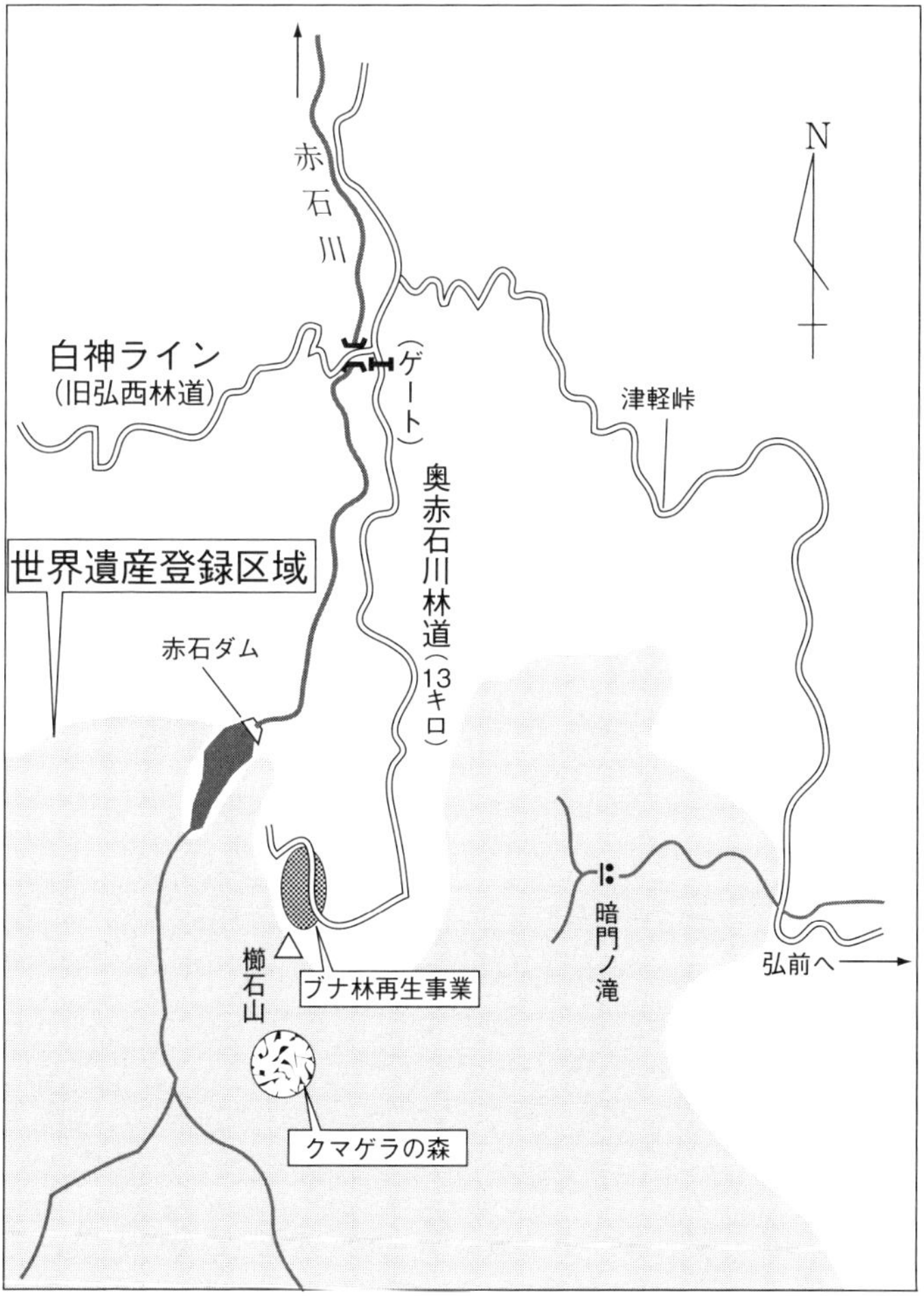

ブナ林再生事業は、春六月と秋九月の二回、それぞれ二泊三日の日程で行っている。

早朝、JR弘前駅周辺に集合、車に分乗して西目屋村へ。暗門ノ滝入り口を横目に、旧弘西林道に入る。津軽峠を越えれば鰺ヶ沢町だ。奥赤石川林道のゲートを開け、一三キロの林道を上って行く（事業を始めて間もないころ、林道のゲートから入れる車は、台数が制限され、一般のボランティア参加者は一三キロの林道を歩かなければならなかった。酒瓶を片手に、三時間かけての山道歩きだった）。

奥赤石川林道終点の手前に、比較的開けた場所があり、そこに「ベースキャンプ」をつくる。大きなブルーシートを広げて、四隅を周りの木に縛り付け、天幕を張った。天幕の下に、雨天でも七〇人は食事ができる広さを確保する。次はテントの設営。テントは一〇いくつできるから、立派なテント村になる。水場を確保し、その先に臨時のトイレをつくる。準備が整えば、さあ山仕事だ。

五～一〇人の班編制で、杉や藪の除伐隊、苗の植樹グループ、記録班に分かれる。ヘルメットをかぶり、ノコギリとナタを持って山に入る。午前と午後、各二時間ほども作業をすれば十分、体がくたくたになる。テント村では、炊事係が沢水で冷やした冷たいビールを用意して待っている。満天の星空を眺め、杯を交わし、ボランティア仲間と語り合うのが一番楽しい時間だ。

一年目の参加者は、日本山岳会の会員や自然保護団体のメンバーら二〇人だったが、二年目からは六、七〇人集まるようになった。林道反対運動にかかわった人たち、白神を愛する地元の山男、そして赤石川流域住民でつくる「赤石川を守る会」の人たち。日本山岳会の各地のメンバー、東京からは「高尾の森づくりの会」（日本山岳会）の人たちが毎回、大勢やってくる。ボランティアの範囲は東北一円から首都圏、九州から来た人もいる。若い人たちもたくさん参加している。地元の弘前、五所川

白神山地ブナ林再生事業のテント村で、スケジュールを説明する村田孝嗣さん（奥赤石川林道終点付近の櫛石山系）。手前は日本山岳会の大森弘一郎氏

原市周辺の中学生や高校生たち。そして弘前大学や青森大学、北里大学の学生、首都圏からは東京農業大学の学生たちも参加した。

テント村の周りには、サルやカモシカが出没する。最終日は、村田さんの案内で世界遺産のブナの森に入り、櫛石山の反対斜面にあるクマゲラの森で自然観察会を開く。森で過ごした三日間、動物たちとの巡り合い。子どもたちにとっては貴重な体験になるだろう。

「高校生で参加した人が、卒業して大学生や社会人になって、また参加してくれる人もいる。森づくりは人づくり」と、村田さんはうれしそうに語る。

広大な白神山系からすれば、三〇ヘクタールの山域は、ほんの点にしかすぎない。植えたブナは、よくノウサギに食べられる。雨の日は作業にならず、終日、天幕の下で過ごす。試行錯誤の繰り返しの七年間だった。しかし、「継続は力なり」。かつては杉林で薄暗かった櫛石山の登山道の周辺が、明るく開けてきた。それ以前のこの山を知る人が見れば一目瞭然、違いがよく分かる。面積は小さくとも、確実に成果は挙がっている。それがボランティアで参加した人たちの誇りと喜びである。

白神でのブナ林再生事業は、「森づくりを、子孫に引き継ぐ文化に育てよう」を合言葉に始めた。村田さんたちの取り組みが刺激になり、白神の世界遺産登録区域周辺では、青森県側だけでも自然保護グループや周辺の自治体など、合わせて一〇いくつの団体が広葉樹の森づくりを始めた。種火は、確実に広がっている。

白神の森の再生事業には、子どもたちもたくさん参加している

高尾の森づくり

日本山岳会の自然保護委員会の中に「高尾の森づくりの会」ができたのは、白神山地ブナ原生林再生事業が始まって二年後の二〇〇一年一月だった。高尾山は東京都八王子市の西にある山で、標高五九九メートル。森づくりのフィールドは、裏高尾と呼ばれる高尾山の北部山系一帯だ。代表は河西瑛一郎さん（元新聞社勤務、東京都日野市）が務める。事務局長は、はじめが山川陽一さん（元大手メーカー勤務、東京都多摩市）で、次いで龍久仁人《りゅうくにと》さん（林野庁OB、埼玉県川口市）が就《つ》いた。みな首都圏の山の仲間たちだ。会員は約二〇〇人で、三分の一が日本山岳会の会員、残りは一般のボランティア参加だという。

まず、会ができるまでの経緯を見てみよう。

源流をたどれば、大森弘一郎なる人物に出会う。大森さんは当時、日本山岳会の常務理事で、同山岳会の自然保護委員会を担当していた（委員長兼務）。横浜市に住む。

日本山岳会といえば、ともすれば理論先行、あるいはサロン的雰囲気になりがちだが、「このままではいけない。机上で議論するばかりではなく、行動する日本山岳会、自然保護委員会たろう」と、内部改革に立ち上がったのが大森さんだった。大森さんと、後に「高尾の森づくりの会」代表になる河西さんとは、慶応大学山岳部の先輩、後輩の関係。大森さんに「俺の仕事を手伝え」と命令された河西さん、断ることなどできるはずはなかった。山の自然学講座を開いたり、各地の自然保護関連の現場を調査するなどして行動を開始した。

「白神を見たい」。大森さんが弘前の根深さんに問い合わせたのが、ちょうどそのころであった。大森さんを団長に、河西さんも加えた日本山岳会の自然保護委員会一行一七人が白神を訪れたのは、世界遺産登録の翌年の一九九四年のことだった。九月二十三〜二十五日、二泊三日の日程で、弘前からマイクロバスに乗り、根深さんの案内で暗門ノ滝や天狗岳を見て歩いた。「うっそうたるブナの森が奥山まで続いていた。素晴らしい山だった」と河西さんは振り返る。

宿泊先は吉川隆さんの熊ノ湯温泉。夜は、大森さんの招きで「赤石川を守る会」の石岡喜作さんや石岡繁春さんら地元住民一〇人が熊ノ湯温泉を訪れ、親睦会を開いた。青秋林道建設計画に反対を訴え、根深さんや村田さんたちが流域の集落一つ一つを訪ねて異議意見書の署名を呼び掛けた。石岡さんら地元住民がこれに呼応して「水や森は命の源。自分たちの暮らしは自分たちで守ろう」と立ち上がり、ついには林道計画を中止させた。あのころの苦労話を、深夜まで日本山岳会の人たちと語り明かした。「地元の人たちが体を張って山を守った。その熱意がひしひしと伝わった」と、大森さんは懐かしむ。

団長を務めた大森さん、以来、たびたび白神を訪れた。青森営林局との交渉にも出掛け、「日本山岳会も自然保護に力を入れ、創立百周年記念事業の一環として白神でブナ林再生事業に取り組む計画を進めている。態勢づくりに、どうかご協力願いたい」とアピールした。大森さんは白神のブナ林再生事業のパイオニアの一人であり、自らもたびたび作業に参加している。ボランティアの常連だ。

「高尾の森づくりの会ができたのは、間違いなく大森さんの影響だ。白神がいい刺激になった」と、河西さんは振り返る。影響の「中身」とは、自然保護への関心の喚起であり、有言実行の取り組み、そして白神体験である。詰まるところは、森の復元事業を実践する行動力と、白神を守った住民運動の精神の継承であろう。

初代事務局長の山川さんもまた慶応大学山岳部の出身で、大森—河西人脈に連なる。白神のブナ林再生事業の第一回からボランティアで作業に参加しており、奥赤石川林道のゲートに鍵がかかっているため、一三キロの林道を歩いた口である。二代目事務局長の龍さんは九州大学山岳部ＯＢであり、林野庁のキャリア官僚出身。青森営林局長を最後に退職した。

三人とも白神にかかわりが深い。やがて、「身近な所に、自分たちも森づくりの山を持てないか」と、話が持ち上がったのだという。場所選びで林野庁との橋渡し役を買って出たのは、もちろんＯＢの龍さんである。ホームページを開設してボランティアを募集したり、対外交渉やイベントの段取りに当たったり、樹種の選定、作業当日の態勢と、実務面を取り仕切ったのが山川さんだった。

二〇〇六年二月、筆者は、仙台から東北新幹線に乗って上京した。高尾の森を、一度見たかったからである。

早朝、ＪＲ中央線の高尾駅前にある高尾森林センターの駐車場に集合、高尾の森づくりの会の人たちと合流した。その日のボランティア参加は、会社員や主婦、自然愛好家、会社退職者など計八〇人だった。車に分乗して西へ、甲州街道を北に分かれて、小下沢林道に入った。

間もなく谷あいの広場に出る。元はキャンプ場に使っていた所だという。そこが山作業の〝ベースキャンプ〟だ。すぐ横に水場がある。ＪＲの駅からそう遠くなく、人が集まりやすい。立地条件としては申し分ない場所だ。

ナタやノコギリを携えて、ボランティアの人たちと急斜面を登る。春の植樹祭に備えて藪払い。巨大都市・東京の近郊に、こんなに山深い所があったのかと、驚くほどだった。

森づくりのフィールドは、高尾山の北、景信山（七二七メートル）の東斜面の一七八ヘクタールの山林である。林野庁から提供を受けた。日本山岳会らしく、里山ではなく、「奥山」を選んだという。景信山周辺の広葉樹は、戦中から戦後間もなくにかけて、伐採し尽くされた。現在は八五パーセントが杉やヒノキの造林地、樹齢七十年から二十年の成木が一帯を覆う。

植栽の現場を見ながら、稜線に出た。山並みを見渡すと、雪害で流されたり、岩場になっていたりで、杉やヒノキがつかない生育不良地が何カ所も見えた。それらの場所や間伐した跡に、コナラやミズナラ、カツラ、ケヤキ、ホウノキ、ヤマザクラなど、五年間で三〇種類の広葉樹を約八〇〇〇本植えたという。

定例の作業は毎月第二土曜日に行っている。冬季は藪払いをして地ごしらえ、春に植樹祭、夏は下草刈り、秋は除間伐。ボランティアで集まるのは一回に七〇～一〇〇人、定例の作業日以外に来る人もおり、年間にすれば延べ約一七〇〇人が山に入る。作業小屋には、法人会員の名前を連ねた看板が置かれていた。八王子周辺の大きな企業の名がいくつもある。日帰りとはいえボランティアの数は白神の比較にならない。そして豊富な資金面のバックアップ、なんともうらやましい限りである。

作業を終えてベースキャンプに戻った。豚汁を食べ、腹ごしらえ。みんな子どもの時代に返ったようなうれしそうな顔、瞳が輝いていた。白神のブナ林再生事業に参加するボランティアの人たちと同じ表情だった。作業日の合間に、ホタルの鑑賞会や炭焼きの実習などを行っている。「新鮮な山の空気を吸っていい汗流せば、ビールもうまい」と、現場を案内してくれた山川さん。都会の人たちにとって、高尾の森は心身の癒やしの場になっているのだろう。「ボランティア組織は、報酬も役職も関係ない。自由に、自主的に参加している。組織を維持発展させていくために、いつも活気あふれる魅力ある現場にしようと、心掛けた」と山川さんは付け加えた。

作業を終えた龍さんは、こう語った。

「五十年かけて、高尾の森の針葉樹と広葉樹の比率を五対五にしたい。われわれが目指すのは、国民参加の森づくり。そういう時代になってきている」

奥山の森づくり、水源の森づくりが、白神から高尾に伝わった。その動きは、日本山岳会のネットワークを通じて、愛知、京都、広島へ広がりつつある、という。大森さんは、高尾を飛び越えて、富士山やネパールでも森づくりに取り組んでいる。「契機になったのは、白神での体験。森づくりの意味を、山で考え、肌で学んだ。『白神効果』の意義は大きい」と語る。

高尾の森づくりの会の植樹祭。360人が参加、1000本の苗が植えられた
(景信山の東斜面、2006年4月9日)

牧田私案＝入山規制論を批判する

白神山地を縦断する青秋林道の反対運動を取材していたころ、根深誠さんや村田孝嗣さんに何度も山の現地を案内された。しかし、森林生態系保護地域の設定、世界遺産登録と推移するにつれて、入山規制の風潮が次第に強まる。そうなると人間は弱いもの、まるで白神に入ること自体が罪悪視されてしまいそうで、二の足を踏む。しばらくは白神の核心地域に入るのを遠慮していた。そんなとき、東京に住む若い記者仲間に「一度、白神を見てみたい。行きましょう」と声を掛けられた。そう言われると、久しぶりに山に入ってみたくなった。ほかの記者仲間も誘った。弘前、青森、仙台（筆者）、東京に住む山好きの記者五人が集まった。案内役を村田さんに依頼した。世界遺産の登録後、初めて白神に入る。実に十一年ぶりであった。

一九九八年七月二十八日朝、弘前に集合、車で西目屋村へ向かった。二泊三日の日程。車を下り、暗門川の渓流を遡行した。

暗門ノ滝は、下流から第三、第二、第一と名付けられた三つの滝を総称して言う。最後の第一の滝が最もスケールが大きく、高さ四〇メートル。左脇の壁を、岩場にしがみつきながらよじ登った。一歩足を踏み外せば、沢に転落しそうである。結構な山男でも「あそこは危ない」と言う場所だ。村田

図6　白神山行

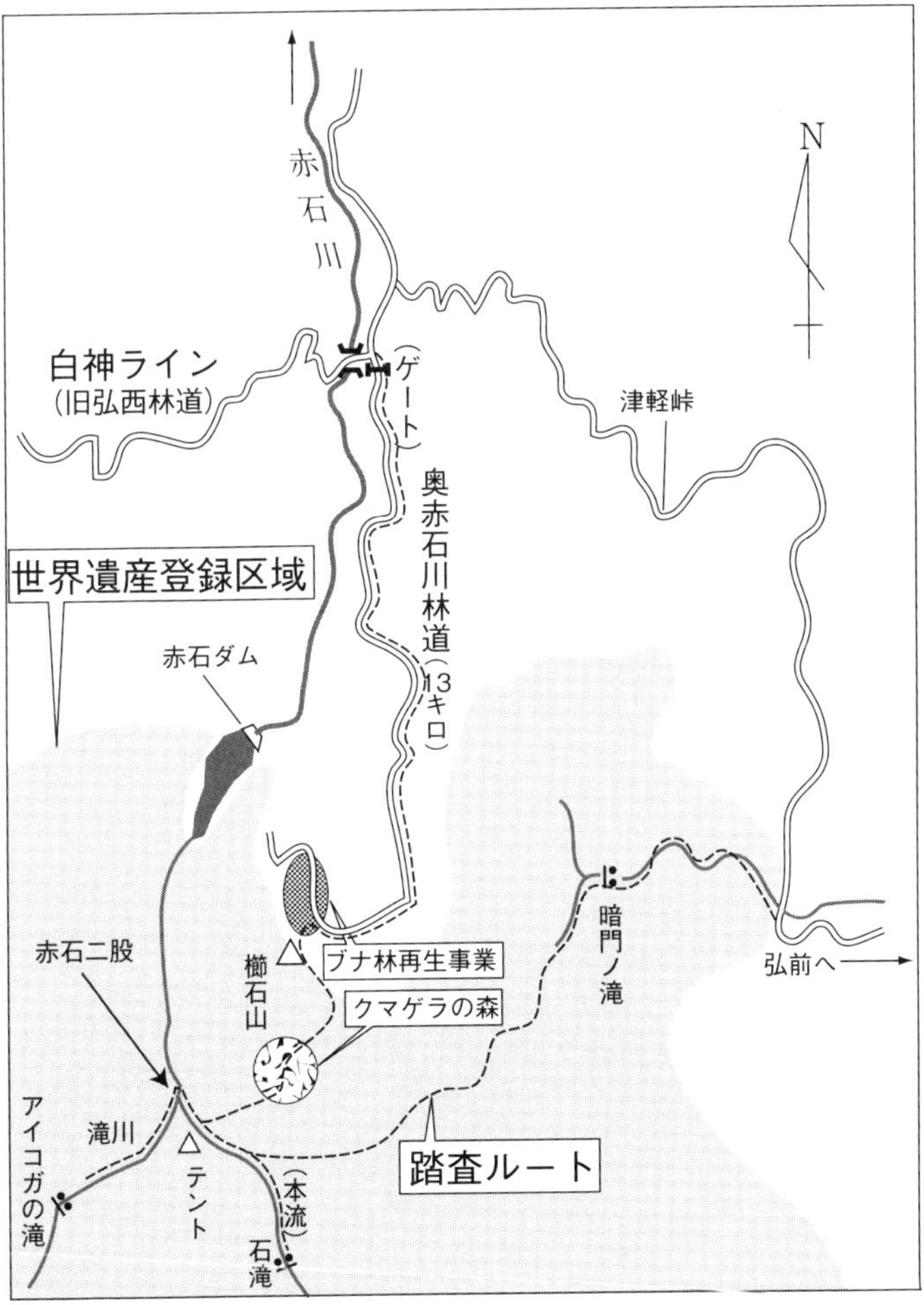
赤石川
N
白神ライン
（旧弘西林道）
（ゲート）
津軽峠
奥赤石川林道（13キロ）
世界遺産登録区域
赤石ダム
暗門ノ滝
弘前へ
ブナ林再生事業
赤石二股
櫛石山
クマゲラの森
アイコガの滝
滝川
テント
踏査ルート
（本流）
石滝

さんを先頭に、後続の五人の記者たちは声一つ出さず、必死で四〇メートルの壁を登り詰めた。

暗門ノ滝を越えると西股沢（地元名・フガケ沢）に出る。渓流を、緩やかな沢水が流れる。流れの上をうっそうとしたブナの森が包み、奥へ奥へと続く。シーンと静まり返っている。まさに万古不易の森であった。

小雨が降ってきた。雨の中で、昼飯をとる。再び出発、やがて稜線に出た。今度はヤナダキ沢を下りる。沢を下る途中の場所に、かつてマタギ小屋があった。しかし、そのマタギ小屋は雪でつぶされたと村田さんは言う。跡形もなく消え去っていた。沢をさらに下ると、途中から伏流水が現れ、水量が増えてナメ滝になり、最後は大きな滝水の奔流となって赤石川の本流に注いでいた。流れが激しく、ルートを下流に取る。赤石川に下りるのに、かなり難儀した。

初日は赤石二股のやや上流左岸にテントを張った。夜は河原に出て、酒を酌み交わしながら山の四方山話や、青秋林道反対運動のころの村田さんの苦労話を聞いた。

白神山地の世界遺産登録区域は、約一万七〇〇〇ヘクタール。その世界遺産の核心地域の中でも、最も白神らしい女性的な美しい渓流美を誇るのが、赤石二股付近から源流部にかけての区域である。緩やかな渓流の流れ、それを包むブナの森の優しさ。心が洗われる癒やしの空間こそ白神のブナの森である。

二日目は、その赤石川本流を石滝まで遡行した。そこで休む。沢水をくみ、コーヒーを沸かして飲んだ。これが実にうまい。石滝から引き返して赤石二股に戻った。若い記者たちは、ジャボンと沢水の中に飛び込む。「ウヒャー」と歓声を挙げた。真夏に、沢水に飛び込んだときの爽快感は、なんと

赤石川の本流（右）と滝川（左）が合流する赤石二股付近のブナ原生林

もたとえようがない。

赤石二股から、今度は滝川に進んだ。イワナの群れを何度も見た。白神名物の巨大なアブの群れに、しばしば遭遇する。日没前に、引き返した。その夜も、赤石二股上流に張ったテントに泊まった。

三日目は赤石川本流からクマゲラの森に上がった。広い緩斜面に、見事なブナ林が広がっていた。クマゲラの森は、もともとは地滑りでできた緩斜面の上にブナ林が成長した場所だ。すぐ下に、伏流水が現れる水場がある。甘く冷たい水、クマゲラの森の浸透水を集めた命の水である。

青秋林道反対運動が本格化した一九八三年秋、その森の中で天然記念物クマゲラの生息が確認され、以来、クマゲラは反対運動のシンボルになった。クマゲラの森と名付けられたその森の空間は緩斜面になっているので、ブナが、ヨーロッパのそれのように下枝のない幹がすうっと真っすぐ高く伸びている。クマゲラは、その幹に営巣をつくる。下枝がないと森の見通しがよく利き、外敵を防ぎやすいからだ。白神のブナは一九五四年の洞爺丸台風で次々と倒され、その後、一面にササが生い茂った。しかし、クマゲラの森ばかりは地形の関係で強風が当たらず、さほどの被害を受けなかった。ササもなく、白神本来の森の美しさを保っているのが、今のクマゲラの森である。

クマゲラの森を後に、稜線に出た。櫛石山を経て登山道を下りると、奥赤石川林道に出る。そこからは延々と、旧弘西林道との出合いまで一三キロの林道が続く。時に歌を歌いながら、三時間かかって林道の入り口に出た。

筆者が青森に勤務していた一九八〇年代、赤石川を遡行し、赤石二股辺りに行くと、周りに三、四

白神本来のブナ林の美しさを保つといわれるクマゲラの森

のパーティーがテントを張っているのを見かけたものである。しかし、十一年ぶりに訪れたそのときの山行では、赤石二股周辺でテントを張っているパーティーは二日間とも、われわれ以外に、なかった。赤石二股ばかりではない。夏山に最適のシーズンなのに、暗門ノ滝を越えてから、奥赤石川林道を抜けて旧弘西林道（白神ライン）に出るまでの二泊三日間、山を歩き続けてほかの入山者とは、誰一人として会わなかった。

「赤石川にも滝川にも、ごみなど一つも落ちていなかった。下山途中、奥赤石川林道の道路脇に、村田さんが古くさびついた空き缶を一個見つけて、拾っただけである。十一年前より、白神はずっときれいになっていた。奥赤石川林道にゲートが設けられ（九四年以降）、入山者が激減したのだろう。世間の目が厳しいから、入山者のマナーも良くなったのだと思う」

当時の登山ノートに、こう書いている。世界遺産になり、「入山者が急増してごみが増えた」とか、「登山者の踏み荒らしで山が荒れた」とか報道されるが、実態は全くの逆であった。取材記者が、世界遺産の中の現場を見ていないからだろう。現場を見ればすぐ分かる。白神は世界遺産の登録前より、かなりきれいになっていた。

ここで、あらためて白神山地の入山規制問題を考えてみたい。

「ルート指定の許可制入山」が青森県側の白神の管理計画である。その元をたどれば、弘前大学の牧田肇教授が提出した「牧田私案」に行き着く。牧田私案について、本書では第四章で「地元の合意を得ていない」「住民運動の視点を欠いている」「依拠するデータがない」と批判した。入山規制とは何だったのか、ここであらためて問おうとすれば、イコール牧田私案とは何だったのかを、問い直すことである。

その牧田教授に再びインタビューしたのは、村田さんの案内で記者仲間と白神に入った翌年の九九年八月九日であった。まずうかがったのは、牧田私案をまとめるまでの手続きについてである。牧田氏本人の説明を時系列で述べると、次のようになる。

①牧田私案は、発表する前に秋田県側の鎌田孝一氏らのグループとつくる「白神ＮＧＯ」の総会にかけ、承認された。その場で反対意見は出なかった。「白神ＮＧＯ総会が開かれたのは、私案を出す前月あたりだったと記憶している」と言う（以下、時期は一九九五年の話）。

②四月二十四日付で、私案を東北と関東の五〇の自然保護団体と個人に郵送した。郵便の中に「白神に関心のある人の御意見を聞き、参考にして素案（私案）を改良したいので、五月十日まで返事を出してほしい」という内容の文書を同封した。

③発送した私案に対して、一五の団体、個人から返事が来た。返事に書かれていた内容を一部参考にして、私案をまとめた。

④五月二十一日、牧田私案を発表した。同日、白神ＮＧＯの幹部らと一緒に上京、日本自然保護協会の横山隆一・自然保護部長のエスコート（付き添い）を受けて、林野庁や環境庁などに私案を提出した。青森、秋田県庁など関係機関にも届けた。

ここで、牧田私案提出までの①〜④を、一つ一つ点検してみよう。

◆……①について

白神NGOとはそもそも、牧田氏や鎌田氏ら入山規制を訴え、あるいは入山禁止に同調していたグループなのだから、私案の中身について異論が出るはずはない。問題は、牧田肇という人物が、青秋林道を中止させた功労者でもなければ、青森県側の自然保護団体を代表する人物でもない、という点だろう。資格的には一団体の顧問であり、一個人にすぎない。

筆者は秋田県藤里町に二度、鎌田孝一氏の自宅を訪ね、話をうかがった。牧田私案が出る経緯について、鎌田氏はこう話す。

「牧田先生は『現状のままでは管理計画が官僚的になってしまい、民間の声が届かないだろう』と説明した。私らは法律的なこととか、細かい点について文章化することは難しいので、内容については牧田先生にお願いする、というのが私やみんなの意見だった」

青森県側では入山規制について議論が分かれており、牧田私案について公に議論されたこともない。地元合意の手続きが何もない段階で牧田氏の考える入山規制を進めようとすれば、青森県側の牧田氏以外のグループから反発が出るのは当然予想されたはずではなかったのか。

鎌田氏は、秋田県側ではスタートから青秋林道反対運動の中心人物でいたのは、誰しもが認めている。しかし、牧田氏は青森県側の自然保護団体の代表者でもないし、代表者になった経歴もない。その牧田氏と、秋田県側の代表者である鎌田氏が結びつき、青森県側の白神山地の入山規制にかかわったところから青森と秋田の〝ねじれ現象〟が起きた。

◆……②について

私案を出した時期だが、四月二十四日に発送して、五月十日を締め切り日にしたのだという。ゴールデンウィークを挟んだ期間。なぜこの時期を選ばなくてはならなかったのか。雪解けの季節であり、山男たちは山に入り、自然保護団体の人たちも各種のイベントに取り組む時期で、みな忙しいはずだ。

◆……③について

私案を五〇の団体、個人に発送したという。返事が来たのは一五で、回収率は三〇パーセントにすぎない。そして牧田氏は「私案の内容に賛同する」と書いた返事が来たという団体、個人の名を二、三挙げたが、みな牧田氏の仲間内のグループだった。続けて筆者にこう語った。

「あなたの地元の宮城県の自然保護団体にも私案を送った。その団体からも『賛同する』の返事をもらっている」

筆者は後日、牧田氏が私案を送ったという宮城県の、その自然保護団体の代表者に聞いた。その人物からこんな返事をいただいた。

「確かに牧田私案が送られてきて『賛同する』と書いた返事を出した。私案の中身を読んだが、さほどのことは書かれていなかった。ただ、白神の保護活動をやってくれるんだったらそれでいいだろう、と思った。当時は、宮城県から見ていて青森県と秋田県の間で入山規制に賛成とか反対とかの対立があるとは知らなかった。もし知っていれば、対応は変わったはずだ。牧田私案の内容について他の会員と話す時間もなく、代表者の私の独断で返事を出した」

牧田氏はこうも述べている。

「私は郵送アンケート方式で私案をまとめた。一定の手続きを踏んでおり、私だけの独善で書いたものではない。結果については自然保護団体の『おおかたの賛成を得た』とも、『得ていない』とも言っていない」

◆……④について

九八年十月十九日、筆者は東京の日本自然保護協会本部を訪ね、沼田真会長に会った。日本自然保護協会として、入山規制に対してどんな考えを持っているのか直接、聞きたかったからである。沼田会長はこう語った。

「入山規制すべきとか、すべきでないとか、こちらからは何も言っていない。この問題については、良い方向に向かうよう地元でよく話し合ってほしいと考えている」

事務方からも「もし、日本自然保護協会として入山規制を支持するとすれば、記者会見して公式発表するとかしなくてはならない。そうしたことは、一切していない」との説明を受けた。入山規制問題について「賛成派、反対派のどちらか一方を支持していることはない」というのが日本自然保護協会の公式見解であった。

しかし、林野庁や環境庁（環境省）に牧田私案を提出する際、牧田氏らは日本自然保護協会の自然保護部長の横山隆一氏の「エスコート」（牧田氏の言葉）を受けている。日本自然保護協会の幹部が橋渡し役をしたのでは、私案を受け取る側の役所からすれば、自然保護団体全体が入山規制を支持しているかのような先入観を抱いてしまう。軽率のそしりは免れないだろう。

ただ、ここで横山氏を弁護するならば、私案を作る際に、横山氏は牧田氏に「根深さんや村田さんなど青秋林道、白神山地に関係した主要な人たちに、案の段階で何度も見せ合い、民間の考え方としてどういう管理の仕方が望ましいかをボトムアップさせ、私案作りを進めてほしい」と助言している。にもかかわらず、牧田氏は根深さんや村田さんに、事前に何も相談していない。私案を一方的に郵送しただけで済ましている。そして、最も苦しい時期に「青秋林道に反対する連絡協議会」の二代目会長を務めた三上希次さんには、私案も送っていない。希次さんは、牧田私案の存在そのものを知らなかった。

万事が万事、それが〝牧田流〟であった。

新聞業界に携わる者として、一つ指摘しておきたいことがある。それは牧田私案にある「新聞の取材等」の項目についてである。それには次のように記されている。

「取材は、一般の登山と同様に考えられるべきであろう。ただし、ことの性格上、貴重な動植物を追いもとめるあまりの踏みあらし、周辺の環境の破壊が起こらないような指導が必要である。ことにクマゲラなど貴重な鳥類の営巣の取材のための妨害は厳重に避けなければならない。このためには事前のくわしい取材地域と取材目的の提出、事後の報告書の提出が必要であり、かつガイドつき入山を原則とするべきだろう」

取材とはいえ、貴重な自然を踏み荒らしてはいけないのは当然だ。しかし、それは取材者が自らの良心に基づき判断、行動することである。報道機関は、他に干渉されたり、「指導」されることなく、常に独立した存在でなければならない。そうしなければ、報道内容そのものが歪められてしまうからだ。牧田私案にあるようなこと、つまり、行政側に「事前に取材地域、目的を提出し、事後に報告書を提出する」ことなど考えつかない。権力者側に「事前に手の内を明かす」ことなど、してはならないことだ。

筆者自身、取材活動をしていて、事前に届けを出し、事後に報告書を出した経験は一度もない。一度、原子力船「むつ」の艦内に取材で入る際、事前に事業者側に書類を出したことがあるが、これは放射能など人間の生命にかかわる特殊な問題があるからだ。一般の取材活動に対して「事前の届け、事後の報告書提出の義務づけ」が要求されるとすれば、報道の自由が侵害される恐れがある。大変に大きな問題のはずだ。

例えば、誘拐事件が起きたとき、日本新聞協会（全国の主要な新聞社、放送局などが加盟）は、報道により被害者に危険が及ぶ恐れがあると判断される場合、捜査当局と報道協定を結ぶ。捜査当局は協定期間中、捜査状況を報道側に提供する一方、報道各社は、取材や報道を自制する。報道協定は一九六〇年、報道により犯人が追いつめられ、被害者の児童が殺害された東京の誘拐事件をきっかけにできた。そのように、報道の在り方は日々、業界内部で話し合い、自主的に決めてきたことだ。

牧田私案にある「新聞の取材等」の項目について、牧田氏本人に「事前に日本新聞協会に相談したのか」と質問すると、「日本新聞協会って、何ですか？」と、逆に問い返される始末であった。

もちろん新聞業界も、さまざまな人からさまざまな意見を聴く姿勢を持たなくてはならない。しかし、新聞とは何か、ジャーナリズムとは何かの知識も認識も持たない門外漢の人物に、報道の在り方について文書にして「指導」される筋合いのものではないはずだ。

林野庁や営林署を相手に闘い、青秋林道を中止に追い込んだ白神山地のブナ原生林保護運動。戦国時代にたとえれば、住民運動に取り組んだ人たちは、食うか食われるかの戦《いくさ》を闘ってきたのである。それが、林道が中止になって、白神のその後の保護の在り方をリードしようという人物は、行政側と対峙する緊張感、感覚というものを、まるで持ち合わせていない人物であった。

ここまでは、牧田私案の手続き上の問題や報道に関連する部分について述べた。次には白神の入山規制・禁止論の論拠、つまり、何をベースにそもそも入山規制・禁止論を発想したのかという問題を検討したい。

入山規制・禁止論は、白神山地の核心地域について「厳格な保護」を求めるものである。しかし、「厳格な保護」が、果たして人間の立ち入りまで制限するものなのかどうか、規制派と規制反対派の見解が分かれる。ここが大きなポイントだ。

白神の核心地域を、森林生態系保護地域の設定から世界遺産登録後の国の管理計画策定まで、入山規制・禁止論に持っていったのは、秋田営林局と青森営林局の双方に勤務した林野庁官僚の橋岡伸守氏である（第四章参照）。まず、その橋岡氏に登場してもらわなければならない。

橋岡氏は愛媛県出身。林野庁に入り、前橋、金沢などに勤務、国土庁（国交省）に出向したり、ＪＩＣＡ（国際協力事業団、現国際協力機構）に出向したときはフィリピンで治山を担当したという。青森営林局を最後に退職、そのまま青森市内の林業コンサルタント会社に再就職した。橋岡氏には、仙台出張があるというので、当地で会った。

橋岡氏に聞きたかったのは、白神を入山規制・禁止にした根拠、その一点である。橋岡氏はこう答えた。

「MAB計画に忠実に従った。人手を一切加えず、自然を厳格に守る。自然は自然の推移に委ねる。管理計画は厳しく取り扱わねばならない、と考えた」

MAB計画とは、Man and Biosphere（人間と生物圏計画）の略称で、一九七二年、国連の人間環境会議を受けてユネスコが発足させたプロジェクトの一つである。欧米では従来、自然と文化を対立的にとらえる自然観を持っている。これを、対立的ではなく共存させるにはどうするか。自然保護と開発の調和を目指そうという観点から考え出された概念がMAB計画である。

具体的には、生態系保護地域を地帯区分し、段階的に規制して保護する方式をとる。

図7―1に示したように、核心地域（A）＝「厳格に保護する地域」と、緩衝地帯（B）＝「一定の条件下に、活動が許される地域」、さらに移行地帯（C）＝「実験研究、伝統的利用などが許される地域」――の三つに地帯区分する。（A）を（B）が囲み、（B）を（C）が囲む形で段階的に保護の網をかぶせ、核心地域に近づくほど、人間の活動を制限するという構造である。

しかし、MAB計画では、核心地域（A）に人間の立ち入りまで禁止するものなのかどうか、明文化していない。青秋林道反対運動の最中、日本自然保護協会が、MAB計画をベースに白神山地を保護するよう林野庁に求めたという経緯もある。しかし、実際に林道が止まり、森林生態系保護地域を設定しようとしたとき、核心地域に人間の立ち入りまで制限するかどうかで、自然保護団体同士でも解釈が分かれたというのが実情であった。

橋岡氏は、MAB計画に忠実に、「厳格な保護」を実現するために秋田営林局時代、白神の秋田県

図７－１　MAB計画の地帯区分

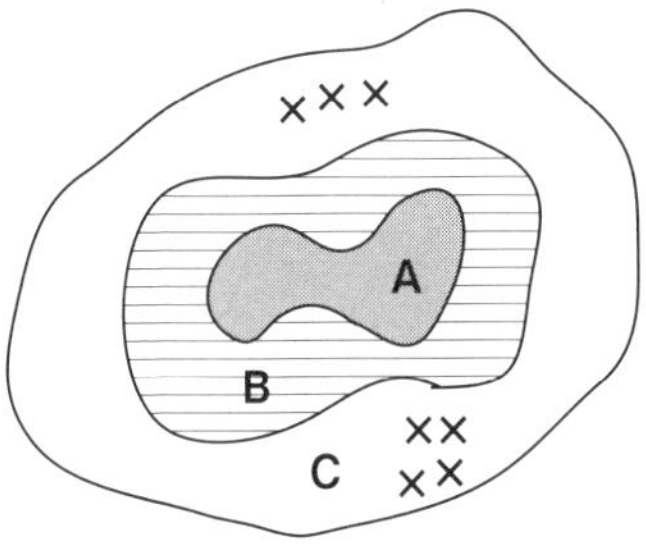

A＝コア・エリア　規制が強い
（核心地域）

B＝緩衝地帯

C＝移行地帯　規制が弱い

（×××＝一部、人間の居住地）

図７－２　日本・東北の風景（根深氏による）

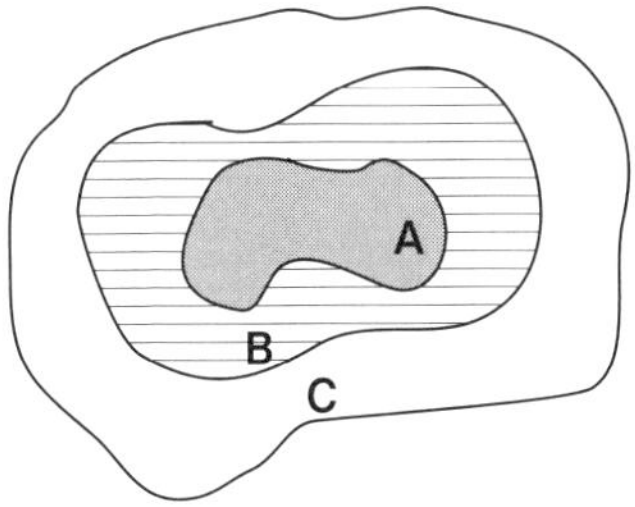

A＝高山的景観帯、ブナ原生林

B＝二次林、里山

C＝畑、水田、農山村、漁村

側を立ち入り禁止の方針で臨んだ。「入山禁止を打ち出したのは営林局からだった。ともかく、私の考えはコア（核心地域）を大事にしたいということだ」と鎌田孝一氏は語る。自然保護団体が営林局の出した入山禁止に同調したため、秋田県側は「原則入山禁止」の流れで推移した。秋田県側の白神は面積が少なく、入山禁止になっても影響が少ない。マタギなど山棲みの文化も、峰浜村など一部を除いて残っていなかったので受け入れやすいという背景もあった。

橋岡氏は次いで青森営林局に移り、世界遺産登録後の青森県側の白神の管理計画を担当することになった。「牧田先生とは何度も会い、意見をすり合わせた」と橋岡氏本人が語るように、管理計画は実質、牧田—橋岡ラインで進められていった。

牧田私案には「国土が狭く、人口密度の高い日本で、ユネスコMABの理想どうり三帯をもうけることには無理もあろう」とある。牧田氏は、橋岡氏と違ってMAB計画の考え方をそのまま白神に適用しようと考えたわけではない。核心地域でも、沢や稜線など従来、人が歩いていた所はルートを指定して一部は入山を認め、そのほかは立ち入りを制限する。総量規制しようというのが牧田私案の骨子だ。民間との会議を重ねながらも、最終的に秋田県側は「原則入山禁止」、青森県側は「ルート指定の許可制入山」と決まった。牧田—橋岡ラインで描いた管理計画が、実現したのである。

牧田、橋岡、鎌田の三氏は、MAB計画にある核心地域の「厳格な保護」について、温度差はあるものの、「人間の立ち入り制限が必要」と考えている点が共通している。これに対して、根深さんや村田さんは「MAB計画にある『厳格な保護』とは、人間の立ち入りまで制限したものではない」と主張する。

図７―２は、根深氏による「日本・東北の風景」を分析した地帯区分である。（Ａ）は「高山的景観帯（高山植物などが分布する山域）、ブナ原生林」、（Ｂ）は「二次林、里山」、（Ｃ）は「畑や水田、農山村、漁村」だ。根深さんは提示した図について、こう説明する。

「歴史的に形成された日本、東北の自然の風景を素直に見れば、三重構造でできているのが分かる。ＭＡＢ計画の地帯区分と形は同じだが、ＭＡＢ計画の概念を借用したわけではない。それぞれの地域の景観を考察し、そこから学ぶことの方が大事だ。ＭＡＢ計画にこだわる必要はない」

例えば初夏の六月、田んぼに水があふれ、遠く奥山に、残雪を頂いた脊梁山脈が続く風景。それは東北地方の農村地帯で、歴史的につくられてきた原風景だ。山に入る炭焼き職人や杣夫《そまふ》は、木を切った。しかし、その切り方は母樹を残し、二次林を育て森を再生させる。その営みを人々は営々と繰り返してきた。

三重構造は戦中、戦後の広葉樹の大量伐採や杉の拡大造林計画でかき乱され、破壊された。根深さんや村田さんらが取り組んでいるブナ林再生事業は、この（Ａ）を取り囲む（Ｂ）を復活させ、本来の構造に戻そうという試みだ。そうすれば核心地域の（Ａ）の厚みが増す。一方、人々の暮らす（Ｃ）の空間にも山の恵みをもたらす。「『失われた森を、水を返せ』というのが赤石川流域住民の叫びであった。自然と人との共存、それが青秋林道反対運動で住民から学んだ教訓だった」と根深さんは言う。

突き詰めれば、牧田氏らは「世界遺産」を優先、ＭＡＢ計画にある（Ａ）の内側に目を向け、その厳格な保護を強調する。一方、根深さんらは、（Ａ）と（Ｂ）と（Ｃ）の連なりを踏まえ、奥山の源流域から、沿岸部までをも含めた全体の保護と共存を図ろうという考え方である。

両者の違いはどこから出てくるのか。第四章で述べたように、「青秋林道を中止させた住民運動の体験、それに基づく住民運動の評価の違いにある」というのが筆者の見方である。

根深さんたちは青秋林道反対運動を闘った当時、連日連夜、家族を犠牲にしてまで赤石川流域で開かれた住民集会に通い、反対署名を呼び掛けた。

これに対して、牧田氏も青秋林道に反対する連絡協議会の一員ではあったが、鰺ヶ沢町で開かれた住民集会に参加したのは二回だけである。異議意見書の署名運動期間は一九八七年十月十五日～十一月十四日であった。牧田氏が参加したのは、一度目が十一月十一日、鰺ヶ沢町の舞戸町で開かれた集会である。しかし、舞戸町は鰺ヶ沢町の本町であり、赤石川流域ではない。しかも最終盤である。二度目は十一月二十六日、鰺ヶ沢町の赤石地区で開かれた集会だった。赤石地区は赤石川の河口近くにある集落だが、この時点で署名運動は終わっており、この日に行われたのは「赤石川を守る会」の旗揚げの集会であった。つまり、青秋林道を中止させた〝奇跡の逆転劇〟を演じた「赤石川流域住民の決起」の場面を、牧田氏は、実際には一度も見ていなかったのである。

橋岡氏は役人であり、住民運動が終わってから、林野庁人事で秋田、青森と転勤してきただけの人物である。

青秋林道を中止させた住民運動と、白神をどう守るかを決めた管理計画とは不連続だった。それを演出したのが牧田―橋岡ラインである。二人とも住民運動を体験していないのだから、当然といえば当然の帰結であった。

牧田―橋岡ラインは、ＭＡＢ計画の考え方を、そのまま（あるいは概ね）日本に持ってこようとしたところに、無理がある。日本には日本の、長い歴史を経て蓄積された文化があり、その結果としての現在の自然の景観や人々の暮らしがある。学ぶべきは、世界遺産ではなく人々の暮らしの視点からではなかったのか。さらに述べれば、ＭＡＢ計画は、ヨーロッパでは保護のための管理方式として考え出されたのに、牧田氏や橋岡氏らは規制のための手段として使ったようにも見える。

入山規制・禁止は是か非か。白神の管理計画が決まった後、白神にとどまらず、東北から全国各地の自然保護団体へ、論争は拡大増幅した。「白神は一体、どうなっているんだ」。林道を中止させ、世界遺産になった白神は、本来ならば自然保護運動の手本になるはずであった。しかし、白神は迷走に迷走を続けた。

そんな中、入山規制・禁止派と、規制反対派が、同じテーブルに着いて討論しようと企画されたのが「第十九回東北自然保護のつどい」の公開シンポジウムであった。一九九八年十月二十四、二十五日、山形県鶴岡市を会場に開かれた。集会を企画、主管したのが地元の「出羽三山の自然を守る会」（佐久間憲生理事長）であった。東北各地で自然保護運動に取り組む人たち約一七〇人が参加、それに在京の新聞、雑誌記者、自然保護グループなどが加わった。

登壇したのは、白神山地のブナ原生林を守る会の奥村清明氏（秋田県）、白神ＮＧＯ顧問の牧田肇弘前大学教授、白神市民文化フォーラムの村田孝嗣氏（青森県）、筆者も入山規制を疑問視する立場からパネリストの一人として発言した。双方の間に入る形で、日本自然保護協会の自然保護部長、吉田正人氏（横山隆一氏の後任）が参加。主管の出羽三山の自然を守る会の佐久間理事長が司会を務めた。

規制・禁止派、規制反対派の四人の発言の趣旨を要約すると、以下のようになる。

●奥村清明氏

「青秋林道建設が中止になったころ、秋田県に残されたブナ原生林は既に四八〇〇ヘクタールしかなかった。現状のままで残したいという思いから、世界遺産地域についてはできるだけ入山を遠慮しましょうという申し合わせをした。この問題については、いろいろな打ち合わせや世界遺産を話し合う懇話会でもそうした意見が大勢を占めた。秋田側には、どうしても山に入りたい、入らせてくれ、という意見は出なかった。世界遺産の周りにも、少ないがブナ林はある。そこで子どもたちの教育も十分できる。また、世界遺産地域に入らないと暮らせないという人は、秋田側にはいないはずだ。

入山を遠慮してもらうという秋田側の方針が、各地のブナ林を守る運動の足を引っ張ることになるのか、マイナスになるのかどうか。東北のブナ林を守るにはどんな方法があるのか、みなさんの意見を聞かせてほしい」

●牧田肇氏

「白神山地が世界遺産になったということは、地方区だったのが、世界の人々の対象になった。封建的な血縁社会の地域にあったのが、商品経済社会にほうりこまれたことを意味する。つまり世界遺産になったことで、守られにくくなった。白神の恵みをなるべく多くの人たちに享受してもらうためには、やはり規制が必要だと思う。子孫に残すために、われわれは不自由を忍ばなければならない。登山客や釣り客は、全く来ちゃ行けないとは言わないが、伝統的にそこで暮らしてきた地元の人々とは、一線を画して考えなければならないと思う。

（私案を急ぎ作成したのは）モニタリングをしてからでは遅い、と考えたからだ。世界遺産である白神を、現状のままの状態で残したい。荒れてしまってから対策を考えるのでは遅い。その考えは今でも変わっていない」

●村田孝嗣氏

「青秋林道に反対したのは、青森側では登山や野鳥の会、昆虫同好会、渓流釣りの人たち、つまり白神の自然の中で活動していた人たちが中心だった。単にブナを残すだけでなく、森とのつながり、山菜やキノコ、山の恵みを受けて生活してきた人々の暮らしを守ろうという運動だった。入山規制を求める人たちとは、そもそもの理念が違う。

ところが、暮らしを守る運動が、白神ＮＧＯというたった一つの団体によって、生態系保護の問題にすり替えられてしまった。会議に出ても、牧田私案をベースにした入山規制案が既に出来上がっていて、われわれの意見はほとんど無視された。行政の管理計画を人間排除の方向に導いたのが牧田私案である。世界遺産とは、単なるレッテルにすぎない。森から人間を排除しようという考え方は間違っている。森と、森がはぐくんだ文化を同時に後世に伝えることこそ大事ではないか」

●佐藤昌明（筆者）

「秋田側では入山禁止でまとまっていると言うが、規制見直しを求めた釣りグループの署名運動では、秋田県内から全国で四番目に多い五四〇〇人が署名している。表面には出ないが、秋田県内でも入山禁止に対する不満、苛立ちがくすぶっているのではないか。

青森側の入山規制のベースになったのは牧田私案だが、牧田氏は林道反対運動で一緒に闘った仲間たちに事前に何の相談もしておらず、反発を招いた。青秋林道反対運動には全国から一万三二〇二通の異議意見書が寄せられたが、決定打になったのは地元の赤石川流域住民による一〇二四通の反対署名であり、これを受けて青森県知事が中止を政治決断した経緯がある。なぜ赤石川流域住民に相談もなく、合意を得ようともしなかったのか。地元で議論する場もないまま、一方的に行政に私案を配布するやり方は危険である」

パネリストの発言の後、会場からさまざまな意見が出た。

▼「今までさんざんブナを伐採してきて、林野庁に入山規制とか言う資格などない」(宮城)

▼「私たちは自由に山に入って、今でも山から生活の足しを得ている。白神の入山規制は全く予期しなかった。『あの当時、青秋林道反対に協力したのは何のためだったのか』と、規制に対する住民の怒りが今、私たちに向けられている」(青森・「赤石川を守る会」代表)

▼「われわれの団体は、森をどう守るかの視点でやってきた。入山規制など全く頭にない」(福島)

▼「森の大切さや素晴らしさは、実際に森に入って見ないと伝わらない。その方にエネルギーを使うべきだ」(岩手)

二時間半にわたって白熱した議論が展開された。ここで内容のすべてを紹介する紙幅はないが、会場からは入山規制・禁止を疑問視する意見が大勢を占めた。

東北各地で、現在進行形で山に入り、啓発や保護運動に取り組む人たちが中心に集まって開いた集会である。立ち入り規制を認めては「自分たちが今までやってきたことは何だったのか」と、延《ひ》いては自己否定につながりかねない。入山規制・禁止の発想が、草の根の自然保護運動の延長線上にはないことを、会場からの意見が如実に物語っていた。

入山禁止・規制を支持する意見を出したのは二人だった。

▼「秋田県のブナは、粕毛川源流しか残っていない。秋田側の核心地域の入山規制には賛成する」

奥村氏の見解を支持した意見である。ただし、これは秋田県側に限っての話だ。

▼「牧田さんを弁護するわけではないが、『規制イコール何人たりとも入山禁止』ではない。牧田さんの資料にその辺りが詳しく書かれている。近い将来、規制は絶対避けて通れない道だと思う」

これが、牧田氏の考えに同調的だった会場からの唯一の意見、最後に発言した人の内容であった。

白神をめぐる入山規制・禁止派と規制反対派の公開討論会は、その後、実現していない（二〇〇六年春まで）。少なくともこの鶴岡集会では、入山規制・禁止派の「完敗」であった。

東北自然保護のつどいは、東北六県持ち回りで開かれており、翌年の九九年秋、鎌田孝一氏の地元である秋田県藤里町で開催された。この集会で、村田さんが白神市民フォーラムを代表して、①入山許可制を届け出制にする、②ルート指定をやめる、③たき火は全面禁止にしない。河原でのたき火は認める、④釣りは一律に全面禁漁にしない。禁漁する支流、期間を別に設定するなど弾力的運用を図る——など九項目の入山規制見直し案を提言した。藤里集会では、話し合い継続を確認。翌年に青森県鯵ヶ沢町で開かれる集会へと引き継がれた。

提言した九項目のうちの一つ、入山方式が許可制から届け出制に変更することが認められ、二〇〇三年七月から青森県側の白神で実施された（秋田県側は「原則入山禁止」のまま）。許可制では、いちいち森林管理署＝国に「おうかがい」を立てなくてはならない。これでは「山はお上の物」と、認めるのに等しい。届け出制であれば、一般の登山と同じで「山はみんなの物、国民共有財産」という意識が働く。一項目だけだが、許可制から届け出制への変更は、画期的な出来事だった。しかし一方で、一度規制の網をかぶせると、それを変更するのがどれほどの労力を必要とするかを示した例でもあった。

最後に、牧田私案にある「ルート指定」について触れたい。

「コースの指定は、自由な意志で望む登山行為や、白神がはぐくんできた沢登りの技術、文化を否定するものだ」と村田さんは批判する。根深さんも「山の現場を知らない人が、机上で書いたラインにすぎない。線引きされた場所に、危険個所がいくつもある」と指摘する。

牧田私案を受けた国の管理計画では、白神山地の沢や稜線などに、二七のラインが引かれた。これには各方面からさまざまな問題点が指摘された。例えば大川の源流域。ルートのライン上に大崩壊地があり、そこを行くには、かなりの危険を伴う。なぜそんな所にわざわざラインを引いたのか。摩須賀岳周辺に引かれたルートは、猛烈な藪に覆われた区域を通る。藪に入るのが好きな登山者ばかりいるわけではない。なぜそんな所を選んだのか。山は季節によって山容を全く変える。雪解けの時期に、ルートのライン上を歩いて足を滑らし、沢に落ちることだってある。「ルートに指定された所なので安心して行って、そこで遭難したり事故に遭ったりしたら、誰が責任を取るのか」といった議論が、当初からなされていた。森林管理署に届けを出しても「今や、入山者がルート指定のライン上だけを歩くことなどあり得ない」と登山者の間では語られている。もはや有名無実化している。

ルート指定を提案した牧田氏本人でさえ、「私は、保全のためには便利だからルート指定はあった方がいいと思う。しかし、みなさんが『嫌だ』と言うなら、やめたらいいでしょう」と、筆者のインタビューに答えている。

「ルート指定の許可制入山」が牧田私案の骨格だったはずである。一体、あれは何のための提案だったのか。牧田氏には始めから、白神問題をリードする資格などなかったのである。

「マタギの世界では、白神山地の中で『近づいていてはならない場所』というのが伝説として語り継がれている」と根深さんは言う。筆者も西目屋村砂子瀬に住む老シカリ、鈴木忠勝さんに、かつて聞かされた。

▼滝川は赤石川の支流、その源流域にアイコガの滝がある。アイコガの滝について、マタギたちはこんな話を語り継いでいる。

「アイコガの滝は、上下二段になっていて滝壺が井戸のように深い。昔、若い者がアイコガの滝に来て、滝壺に石を投げた。すると突然、雨が降り出した。急いで逃げたが、沢水が洪水になってマタギを追っ掛けてきたそうだ。

それからこんな話もあった。滝壺に川マス（サクラマス）がいた。マタギが滝壺に飛び込んで川マスをかじったんだが、歯がぼろぼろになって欠けてしまったそうだ」

山の中での天気の急変を警告した話であり、アイコガの滝の滝壺に入るのを戒めたものでもある。忠勝さんは「アイコガの滝は、滝壺を巻く水の流れが激しい」とも話していた。

▼追良瀬川のダケの沢は、急峻な沢だ。マタギの間で「行ってはならない沢」と語り伝えられている。

「昔々、目屋にマタギの三兄弟がいたそうだ。はじめに長男がダケの沢に入った。長男はいつまでたっても帰って来なかった。その次に二男が入った。やっぱりこの二男も帰ってこない。『これはヘンだ』。いよいよ三番目のマタギが、ダケの沢の入り口まで行って立ち止まった。するとどうだ、入り口でなにやら生臭い匂いがするではないか。三番目はシカリに応援を求め、マタギの巻物を沢の入り口で読んでもらった。すると、岩穴に隠れていた化け物が姿を現した。化け物の正体は、なんと人食い女だった」

ダケの沢はよほど急なのだろう。シカリの忠勝さんでさえ「一度も足を踏み入れたことはない」と語っていた。

▼追良瀬川のダケの沢の、さらにその奥には「戻らずの沢」（マタギ名）がある。戻らずの沢は、急斜面で岩場が多い。危険なので一度入れば戻ることのできない沢だという。笹内川には「煙の沢」（同）がある。煙の沢は年中、霧のかかる沢で迷いやすい。

マタギたちは、身を守るため先祖から言い伝えられた山の掟を、固く守り続けてきた。

「一般の登山者も、マタギの伝承にあるような危険な場所には入らないようにする。あるいはマタギ道を刈り払いすれば登山ルートにもなる。それでいいではないか」と根深さんは行政側に訴えたが、「聞いてはくれなかった」と言う。

入山規制・禁止の是非をめぐる論争は、まだまだ続くだろう。しかし、少なくとも白神の青森県側については、入山規制の必要はない。入山者が増えているのは、白神山系東部の暗門ノ滝や、西端の白神岳などであり、白神全体から見れば部分的なものである。

ここで再び図６を見ていただきたい。たとえば世界遺産の核心地域の、その名に最もふさわしい赤石川源流域を目指す場合、暗門ノ滝の四〇メートルの壁を越えるか、奥赤石川林道の一三キロを歩いて櫛石山の登山口まで行かなくてはならない。そこまでして赤石川に入渓しようとする人の数は、限られる。実際にこの足で歩き、この目で見た。ごみなどほとんど落ちていなかった。依拠するデータを持たない牧田私案の予測は、見事に外れたと言うほかない。白神の自然を守ろうとするならば、人の規制ではなく、車の規制で済む。これ以上、道路を整備しなければいいだけの話である。林道建設など、物理的に山を削り自然の景観を変えることと、登山による人の踏み跡とを同列に論じてしまったところに、そもそものボタンの掛け違いがある。

入山規制・オーバーユースについて真摯に議論をしようとするのであれば、まず現場を自分の目で見ることだろう。一度、一三キロの奥赤石川林道を歩くことをおすすめしたい。ここなら許可も届け出もいらない。サルの群れに遭遇することはあるが、命まで取られることはない。汗して自分の足で歩き、体感すれば、白神問題の本質の一端が見えてくるはずだ。

知事の決断の真相と背景

二〇〇四年一月二十六日夕、関西出張から帰る途中、携帯電話が鳴った。名古屋経由で、列車とバスを乗り継ぎ、木曽路の馬籠宿の入り口に着いたばかり。相手は青森県のテレビ局の記者だった。「北村さんが亡くなったよ。前の日、奥さんが亡くなった。北村さんは、まるで奥さんの後を追うように、逝った……」

北村さんとは、青秋林道中止を決断した元青森県知事の北村正哉さんである。頑固一徹、時に意地を張り通そうとする知事を抑え、女性の優しさで支えたのが、幸子夫人であった。一日違いで亡くなったのは、二人で支え合ってきた人生を象徴しているようである。元知事夫妻が亡くなったのを知らせてくれたのは、青秋林道反対運動の取材で一緒に走り回った当時の記者仲間であった。知らせを聞いた瞬間、さまざまな思いが脳裏に去来した。馬籠宿は一度見たいと思って立ち寄った所なのだが、街道筋を見ただけで足早に切り上げ、帰路を急いだ。

葬儀・告別式が行われたのは、二月二日だった。早朝、仙台駅から東北新幹線「はやて」号に乗り、八戸駅で在来線の東北線特急に乗り換えた。野辺地町を過ぎた辺りから一面雪景色、背景に広がる陸奥湾の海の青さと見事なコントラストを描いていた。青森駅で下車、葬儀会場のホテルに着く。既に大勢の参列者が詰めかけていた。現役、ＯＢの青森県庁職員たち、青森県内の各首長、県議や元県議たち、マスコミ関係者ら、ざっと見渡して六〇〇人ぐらいはいただろうか。かつて取材でお世話になった人たちと、その場で顔を合わせた。

中央の祭壇に、菊の花に囲まれた二人の遺影が並んでいた。葬儀は二人の合同葬として行われた。北村さんは享年、八十七歳だった。

葬儀委員長は、自民党青森県連会長の津島雄二衆院議員が務めた。「ミスター新幹線」の異名を取るほど、北村さんは東北新幹線盛岡以北、青森への延伸に尽力した。津島氏は「北村さんは会津藩士の末裔。一本気の性格であり、誠心誠意の人だった。北村さんの情熱が、フル規格の新幹線を青森県（八戸市）まで持ってきてくれた。あと八年で東北新幹線は新青森駅まで伸びる。北村さんに、新青森駅への一番列車に乗っていただきたかった」と弔辞を述べた。新幹線延伸を熱望していた北村さんだが、新青森駅開通まで見届けることはできなかった。

青森県知事の三村申吾氏、青森市長の佐々木誠造氏に続いて弔辞を読んだのが青森県ユネスコ協会副会長の脇川利勝氏だった。脇川さんは元県会議長で、引退後は北村さんと一緒にユネスコ運動に取り組んだ仲。「白神山地の世界遺産に道を開いたのは北村さんだった」とその功績をたたえた後、パリのユネスコで、資料やビデオを持って「白神山地は世界でもまれなブナ原生林で、珍しい動植物もたくさん生息している」と熱弁を振るい、世界遺産登録を陳情した様子を逸話を交えながら披露。「白神山地を誇らしげに語っていた北村さんの顔を、懐かしく思い出す」と述べ、故人をしのんだ。

ここで再び、北村さんの経歴を見てみたい。

北村さんは戊辰戦争で敗れた会津藩士の末裔で、曾祖父が会津から青森県の三沢に移り、牧場を始めた。祖父、父と牧場を継ぎ、北村さんも牧場を継ぐべく盛岡高等農林（旧）の獣医学科に進んだ。幸子夫人は、盛岡高等農林時代の恩師の娘である。卒業と同時に陸軍獣医少尉に任官、やがて満州に渡った。

葬儀の参列者に配られた告別のしおりに、こうある。

「私の祖先は戊辰戦争によって惨憺たる悲劇をくぐってきたのであるが、その末裔である私もまた敗戦という日本の悲運に翻弄された。第八師団の満州派遣に加わり……、終戦をスマトラ島の赤道直下で迎え、マレー半島で抑留生活を送るなど、誠に深刻な戦争体験をした上で、昭和二十一年（一九四六年）八月六日、呉軍港（広島）に帰還することができた」

復員後は郷里の三沢で家具店などをしたが、やがて政界へ出る。県議三期、副知事三期、知事四期、通算四十年を青森県政と共に歩んだ。

告別のしおりには、続けてこう書かれていた。

「この間、大いに奮闘努力したつもりではあるが、微力にして力及ばず。地域の発展に向けて十分な成果を挙げることができなかったのは誠に残念なことであり、顧みて忸怩たるものがある」（「人生八十年――北村正哉の軌跡」より）

「青森県を、貧しさからはい上がらせる」のを政治哲学とした。「会津の精神を受け継いだとすれば、決して負けてはいけない。青森県の遅れを、政治の力で何とか取り戻したい。その一念だった」

と語るのが常だった。その信念を貫いた八十七年の生涯だった。

葬儀の喪主を務めたのは、長男の北村正任氏である。その年、毎日新聞社の社長になり、二〇〇五年十二月には、日本新聞協会の会長に就任した。新聞人としてのポストを上り詰めた人物である。東大法学部卒。筆者の青森勤務時代は西ドイツ（旧）のボン支局特派員で、記者クラブ内でも時々、話題になった。葬儀に参列して喪主のあいさつを聞きながら、歳月の流れを感じた。

古武士の雰囲気、会津藩士の血を継ぐ北村正武青森県知事。３度目の知事選を前に筆者がインタビューした際に撮影した写真（1987年１月）。青秋林道中止を決断したのは、この10カ月後であった

青秋林道中止を決断し、世界遺産登録に道を開いたのは、間違いなく青森県知事のポストにあった北村正武さんである。とりわけ開発志向の強かった北村さんが、自民党籍を持ち、「なぜ、青秋林道中止を決断したのか？」。

これまで明らかにされなかった舞台裏での動きを紹介しながら、本書の締めくくりとしたい。

トップの座、一つの県の知事のポストにある人物の元には日々、政治家や役人、民間の要人などあらゆる分野の数多くの人間が出入りし、さまざまな情報をもたらす。その中から重要な情報を選り分け、的確な判断を下す。その瞬間、瞬間が、政治家としての資質を問われるときだ。

青秋林道中止を決断する際、北村さんの元に、実は事前にポイント、ポイントの重要な情報がもたらされていた。それを的確に判断したからこそ、青秋林道の中止が実現したといえる。ここではポイントを三つに絞って述べたい。

★一つ目のポイントは、青秋林道反対運動に取り組んだ住民運動の担い手の問題である。

鰺ヶ沢町の赤石川源流域にかかる保安林解除に反対する第一次異議意見書三五〇〇通が提出されたのは、一九八七年十一月五日だった。北村さんが青秋林道建設見直しを発言したのが翌日六日の定例記者会見の場である。知事の見直し発言は、青森県庁幹部に相談なしの、単独発言であった。記者会見が終わった直後、知事室では、知事と副知事の間でこんな会話が交わされた。

▼山内善郎副知事

「知事、どうしてあんなこと（見直し発言）を言ったのですか。核燃サイクル基地の問題に影響したら、どうするんですか」

▼北村正哉知事

「青秋林道が出来ようと、出来まいと、青森県にとっては、たいした問題ではないだろう。核燃サイクル基地は別だ。あれは、どんなことがあっても必ずやる」

未踏の原生林を行く青秋林道の問題など、はじめから重視していなかった。北村さんの命題は「青森県を貧しさからはい上がらせる」ことであり、そのための手段として必要だと考えたのが東北新幹線の延伸であり、むつ小川原開発地区への核燃料サイクル基地の建設であった。

核燃料サイクル基地とは、原子力発電所から出る使用済み燃料を再処理、濃縮、埋設するなど一連の流れをセットで行う施設で、北村（知事）―山内（副知事）のコンビで強力に建設計画を推進していた。ほかに下北半島には、いくつかの原発建設計画もあった。しかし、原子力関連施設の建設計画は住民から強い反発を招き、北村知事は時に強権を発動して反対運動を押え込んだ。県議会でも、核燃料サイクル基地建設については社会党や共産党が強く抵抗、北村知事は議会開会のたびに、自ら激しい批判の矢面に立たされた。

青森県庁幹部が最も恐れていたのは、青秋林道反対運動そのものではなく、その住民運動のエネルギーが、核燃サイクル基地建設や原発計画の問題に〝飛び火〟することであった。

ここでは核燃料サイクル基地や原発など、原子力関連施設の建設について是非をめぐる議論を展開するのは、控えよう。それは本書の目的ではない。いわんとするところは、根深誠という人物が、これまで青秋林道反対運動以外の住民運動にかかわっていなかったことが、結果的に有利に働いたという点だ。

青秋林道の反対運動の先頭に立つ根深誠という男は一体、どんな人物なのか。その情報は、事前に北村さんの元に届いていた。

情報の内容とは、根深誠という人物は弘前市出身であり、明治大学山岳部のOB。青秋林道問題には、純粋に自然を愛するが故に取り組んだ。そんな経歴と概略が、知事の元に伝わっていた。北村さんの私邸には、根深さんの著書である『ブナ原生林　白神山地をゆく』の本が届けられており、北村さんは既に目を通していた。連日連夜、赤石川の集会に通って住民に訴えているという人物がどんな男なのかを、ある程度把握していたのである。

青秋林道問題が青森県議会で議論され、議員の大勢が凍結に傾いたとき（一九八七年十二月七日）、根深さんは記者に伴われ、知事室で北村さんに会った（第三章参照）。初対面だったのにもかかわらず、北村さんから先に「君が根深君か。ずいぶんと、（自然保護運動に）一生懸命だねえ」と声を掛けたのも、知事が、目の前にいる男がどんな人物なのか、ある程度知っていたからである。そうでなければ「君が根深君か」という言葉を掛けたりしないし、非公式とはいえ、知事室で住民運動の先頭に立つ人物と直接会うことなどできるわけはなかった。

根深さんがもし、核燃料サイクル基地や原発問題などの運動に参加していて北村県政と対立関係にあったのでは、知事として「青秋林道の中止」を決断できるはずはなかった。根深さんが青秋林道以外の住民運動にかかわっていなかったことが、知事にとって林道中止を決断しやすい環境をつくったのであり、それが必須の前提条件だった。

北村さんが直接、青秋林道反対運動に取り組む自然保護団体側の人物に会ったのは根深さん一人だったが、青森県庁幹部は、青秋林道に反対する連絡協議会の主力メンバーがどんな人たちで構成されていたのか、ほぼ把握していた。北村さんは「青秋林道反対に取り組むグループは、自分と対立関係にある人々ではない」という確信を持っていたのである。

★二つ目のポイントは、署名運動で高揚した地元の赤石川流域で開かれた住民集会の状況である。これも知事の元に伝わっていた。

青森県庁に提出された第一次提出分の異議意見書の数は、青森、秋田県と東北各地、全国から寄せられたのを集計した三五〇〇通だった。だが、その直後、地元の赤石川流域住民が署名する異議意見書の数が、有権者の半数近くにも達する情勢にあることを、北村さんは知らされていた。異議意見書は、全体の数が多いのはさることながら、インパクトが大きかったのは地元住民から出された反対署名の数の多さだった。

青秋林道に反対する連絡協議会が赤石川流域で住民集会をスタートさせると、回を重ねるに従って住民の反響が急激に拡大、署名も雪だるま式に増えていった。連絡協議会の三上希次会長は、運動期間の折り返し点を回った時点、第一次異議意見書提出の際の記者会見で「赤石川流域住民からの反対署名は、最終的に七〇〇通を越える見通しである」と語った。根深さんは同じ時点で「赤石川流域住民の反対署名は、最終的に一〇〇〇通を超すだろう」と予測していた。そのデータは、リアルタイムで北村さんの耳に入っていた。赤石川流域住民の有権者は二六九二人で、最終的に反対署名したのは一〇二四人。根深さんの予測は、ずばり的中した。

政治家は、住民投票の数字に敏感である。なぜなら、自身もまた住民による投票で選挙を勝ち抜き、政治の舞台に上がってきたからである。選挙による洗礼、数字の重みは身にしみついている。「有権者の半数近くが署名する」ことの意味を、北村さんは十分に認識していた。

その予測情報に付随して、赤石川流域で開かれていた住民集会の様子を知らせる情報も逐一、入っていた。

▼「秋田県側は、無理にルートを青森県側に変更して、問題を押しつけているのではないか」

▼「ルートが変更になって、秋田県の建設業者が青森県の中に入って林道の工事をやるそうだ」

こうした住民集会での発言のやり取りを聞かされた。越境工事の話を聞き、知事は「秋田県の業者が、なぜ青森県内で工事をやるんだ」と、語気を荒げた場面もあった。

昭和二十年（一九四五年）に、赤石川流域で起きた洪水で八〇人以上の犠牲者を出した話や、赤石川の水が減って魚が捕れなくなったことなどが住民集会でクローズアップされたことも、知事の耳に入っていた。

★三つ目のポイントは、青秋林道建設問題は、確かに地元住民から強い反発を招いたのを知事も感じた。ではどうする？　青秋林道を中止できる方法はないのか？　実は青森県側にまだ最後の手が残されているのに、知事自身が気づいたことである。

知事は、青秋林道建設の見直し発言をする前に、こうも語っていた。

「俺だって本当は、青秋林道は役に立たない道路だと思っている。あんな山の中に道路を造ったって、地元にメリットはない。しかし、俺はもう、保安林解除を認める文書にハンコを押してしまったんだ。行政というのは、一度決めたことを変えるのは、大変に難しいことだ」

ここで知事に進言する者がいた。

図8を見ていただきたい。秋田県から青森県側に変更され、赤石川源流域にかかる問題のルート

図８　青秋林道と未認可区間

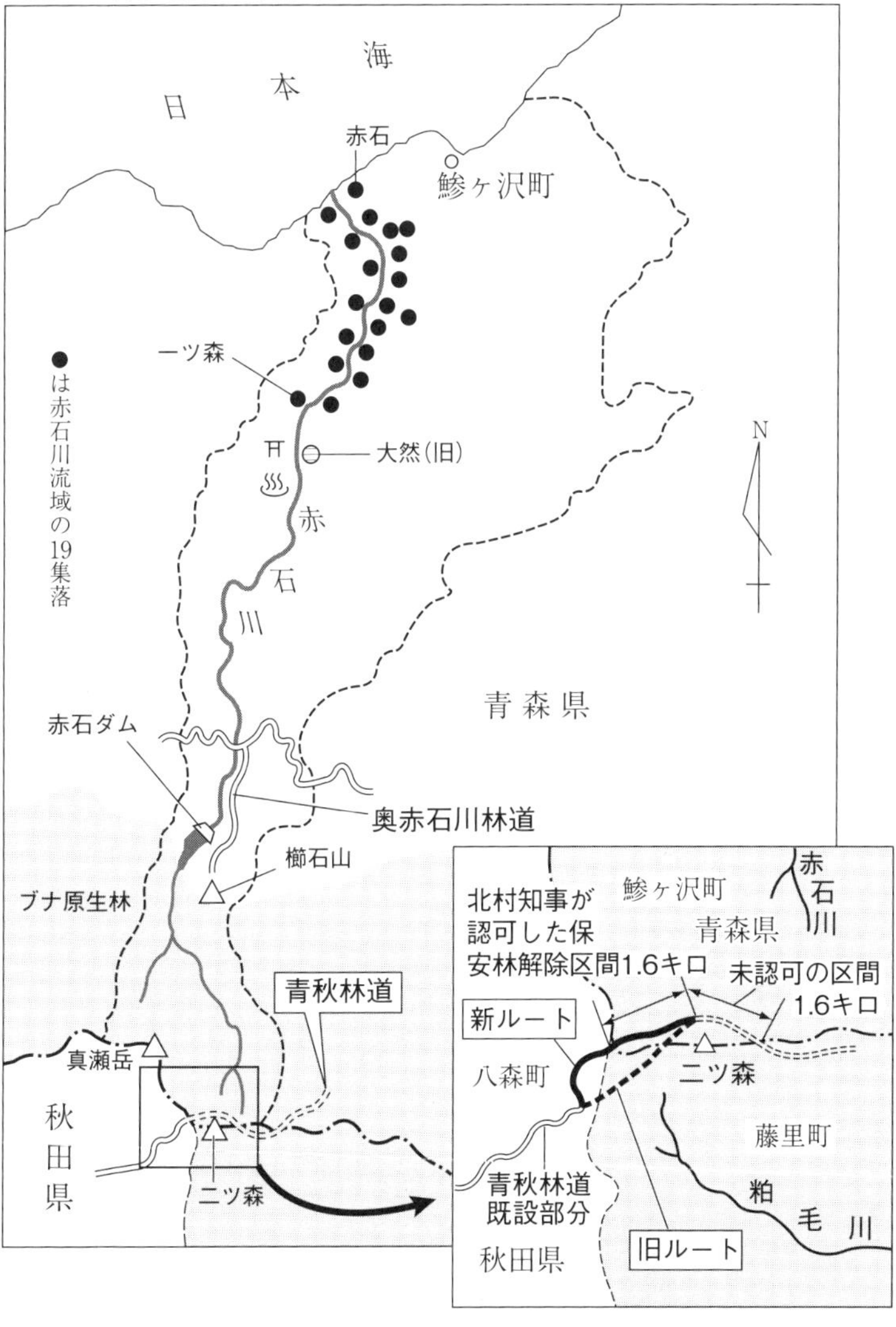

は、二ツ森の北側、青森県側に食い込む部分で、全長三・二キロある。

青森県が保安林解除を認め、予定告示を出した（一九八七年十月十五日）のはこのうちの西側半分の一・六キロ区間、知事が「もうハンコを押してしまった」と言うのがその部分である。しかし残りの半分、東側の一・六キロ区間は翌年度以降の工事予定地であり、知事のハンコは、まだ押されていなかった。

助言者は、北村さんにこう語った。

「知事がハンコを押したのは、西側の半分です。知事がハンコを押した部分ついては、もう物は言えないかもしれません。でも、残りの東側半分の一・六キロ区間については、まだハンコを押してないのだからルートを見直すとか、物を言うチャンスはあるかもしれません」

知事は、うなずいた。

青秋林道を中止にできる方法が、まだ残っていたのである。西側一・六キロ区間のブナ原生林は犠牲になってしまうかもしれないが、残りの東側一・六キロ区間について青森県知事がハンコを押さなければ、青森、秋田県の共同事業は成り立たず、一本の道路にはつながらない。白神山地は総体として守られるかもしれない。その助言は、問題解決の決定打にはならなかったものの、北村さんに心理的な余裕をもたらした。

「青秋林道問題は今まで、県議会でも社会党や共産党ばかりでなく、自民党や公明党の議員も熱心に質問している。あるいは議会の協力も得やすいかもしれない」

「青森県の貴重なブナ資源が秋田県に持って行かれては、地元の鰺ヶ沢町の住民は納得しないでしょう。西目屋村のマタギの人も林道建設には反対しています。青森県には世界一のブナ原生林が残っているんです」

そんなアドバイスをする者もいた。

ここまで三つのポイントを挙げたが、いずれも保安林解除に反対する第一次異議意見書が提出される前後の、ごく短い時間に北村知事にもたらされた情報である。一連の流れの中で見れば、ほんの瞬時の出来事にすぎない。第一次分の異議意見書三五〇〇通が提出される前後に、青秋林道の反対運動に取り組むグループがどんな人たちであり、地元住民の署名がどれほど集まるか、住民集会ではどんな話し合いが行われていたか、最後に、林道を食い止める方法があるのかなど、大事な情報はすべて握り、先を見通した上で北村さんは建設見直しを発言、事実上の「青秋林道建設中止」を決断したのであった。あらゆる情報を握る。それがなければ、知事のポストにある者が、一挙に公共事業の中止を決断できるわけがない。

青森県知事として、青森県民の利益のために青秋林道中止を政治決断したのである。それは「青森県を少しでも豊かな県にしたい」という北村さんの政治哲学と矛盾するところは、少しもなかった。

秋田県側の自然保護団体の幹部は、秋田県側の運動を振り返りつつ、「青秋林道を中止に導いたのは青森県知事の決断である」と述べている。しかし、それだけではあまりに説明不足ではないだろうか。なぜ、青森県知事が青秋林道中止を決断したのか、青森県知事と秋田県の自然保護団体と、どんな関係があったのか、話がまるで見えてこない。交渉相手は秋田県知事ではなかったのか。北村さんは、秋田県側の自然保護団体の動きは何も知らなかったし、秋田県側の自然保護団体と直接交渉したこともなければ、代表者に会ったこともない。名前さえ知らなかった。

青森県知事が、秋田県の自然保護団体のために公共事業を中止することなどあり得ない。たとえば東京都知事が、神奈川県の自然保護団体のために公共事業を中止することなどあり得るだろうか。青森県と秋田県は、別々に青秋林道反対運動に取り組んでいた。反対運動の発生から経過、結果まで、本来が別物である。青森と秋田を区別しないところに、青秋林道、白神山地問題の、混乱のすべての原因がある。

北村さんが亡くなった。そして異議意見書を青森県庁に提出して、「青森県知事は、勇気をもって青秋林道の中止を決断してほしい」と訴えた青秋林道に反対する連絡協議会の二代目会長、三上希次さんが亡くなったのは、それより三年前の二〇〇一年十一月十八日であった。

葬儀は、弘前市郊外にある葬祭場で行われた。白髪交じりのひげを生やし、眼鏡をかけ、トレードマークの帽子をかぶった希次さん、遺影の写真が、葬儀の参列者にほほ笑みかけていた。五十六歳。早すぎる死であった。最も苦しい時期に、青秋林道に反対する連絡協議会の会長を引き受けてくれた。青秋林道の反対運動で、寿命を縮めたようなものである。住民運動に取り組んでも、その結果に見返りを求めてはいけないかもしれない。しかし、青秋林道が中止になり、白神山地が世界遺産になっても、希次さんに「ごくろうさん」と語り掛けた人は、周辺のごく一部の人だけだった。あまりに報いの少ない五十六年の生涯だった。

希次さんと鯵ヶ沢町でチラシ配りをした三上正光さんも、亡くなった。鯵ヶ沢駅前で花屋を経営、赤石川の住民集会では大活躍した成田弘光さんも亡くなった。連絡協議会の呼び掛けに決起した地元住民の石岡喜作さんも亡くなった。反対運動に奔走していたとき、みんなの顔が、輝いていた。

中央で、白神山地の保護運動をバックアップしてくれた岩垂寿喜男氏（元環境庁長官）も、日本自然保護協会会長の沼田真氏も、鬼籍に入った。

あの人たちの目に、迷走する今の白神は、果たしてどう映るだろうか。

合掌。

二〇〇六年春。

白神山地・ブナ原生林保護運動に関する年表

一九七八年

12・6　「青秋県境奥地開発林道（青秋林道）開設促進期成同盟会」が結成される。会長は野呂田芳成氏。

一九八一年

4・2　青秋林道の路線採択が決定。

一九八二年

5・19　「秋田自然を守る友の会」（鎌田孝一会長）が、秋田県に青秋林道中止の要望書を提出する。この後、鎌田氏は、林務部からルート変更の打診を受ける。

7・19　「青森県自然保護の会」（奈良典明会長）と「日本野鳥の会弘前支部」（小山信行支部長）が、青森県に青秋林道中止の要望書を提出する。

8・1　青秋林道の秋田工区が着工。

8・12　青秋林道の青森工区が着工。

11・13、14　東北自然保護のつどいが、岩手・小岩井で開かれ、白神問題が話し合われる。

一九八三年

1・22　「白神山地のブナ原生林を守る会」の設立総会が、秋田市で開かれる。会長に西岡光子氏。

4・2　「青秋林道に反対する連絡協議会」が結成される。会場は青森市。会長に奈良典明氏。
8・25〜27　自然保護議員連盟（岩垂寿喜男団長）、日本自然保護協会などからなる視察団が、青森、秋田両県を訪問、白神山地の現地を見る。
10・8　赤石川源流、櫛石山付近のブナ林で、天然記念物のクマゲラの生息が確認される。

一九八五年

6・6　秋田県が、藤里ルートを鯵ヶ沢ルートに変更し、県議会農林水産委員会で報告する。
6・15、16　秋田市で、日本自然保護協会主催のブナ・シンポジウムが開催される。
6・27　秋田県林務部の職員が青森市を訪れ、青森県自然保護課と青秋林道に反対する連絡協議会に対して、藤里ルートから鯵ヶ沢ルートへの変更を説明する。
10・18〜21　日弁連の調査団が、白神山地を視察する。

一九八六年

3・12　85年6月25日付で、白神山地のブナ原生林を守る会から、秋田県議会議長あてに提出されていた「青秋林道工事の即時凍結について」の陳情書が取り下げられる。
5・26　日本自然保護協会が、環境、林野庁に対し青秋林道を中止し、白神山地をユネスコのMAB計画に基づく生物圏保護区として指定するよう申し入れる。
8・22　林野庁が、白神山地森林施業調査報告を発表する。青秋林道沿いのブナは伐採しないとしたが、道路建設の方針は堅持。
10・9　青森営林局が、クマゲラ生息地に近い奥赤石川林道周辺のブナ林伐採を五年間凍結する方針を打ち出す。

一九八七年

3・29　青秋林道に反対する連絡協議会が、弘前市で「白神山地を語る会」を開催する。

6・8　青森県が、赤石川源流の保安林（鰺ヶ沢ルート）解除に同意する意見書を、青森営林局に提出する。
9・5　青秋林道に反対する連絡協議会が、鰺ヶ沢駅前で町民にチラシ配布を始める。保安林解除反対を訴え。
9・27　青秋林道に反対する連絡協議会と西郡教組の共催で、鰺ヶ沢町で「白神山地と地域を語る会」を開催する。
10・15　青森県が、赤石川源流の保安林解除の予定告示を行う。
10・19　青秋林道に反対する連絡協議会が、鰺ヶ沢町の一ツ森地区で住民集会を開催する。一カ月にわたる異議意見書集めの署名運動がスタート。
11・5　青秋林道に反対する連絡協議会が、秋田県側の自然保護団体代表とともに、第一次集計分の異議意見書三五〇〇通を、青森県農林部に提出する。
11・6　北村正哉青森県知事、異議意見書提出を受けて、青秋林道建設の見直し発言を行う。これを境に、青秋林道問題は、中止へ向けて急激に流動化する。
11・13　青秋林道に反対する連絡協議会が、第二次集計分の異議意見書九七〇〇通を青森県農林部に提出する。
11・20　青森県議会の常任委員会で、与野党の大半の議員が、青秋林道の凍結を訴える。
11・27　自民党の議員総会で、北村知事は再度、青秋林道建設に消極発言を行う。事態の収拾を政調会に一任する。
12・1、2　自民党青森県連政調会（金入明義会長）が、関係町村の首長、自然保護団体、住民代表から意見聴取を行う。秋田県八森町で現地調査、自民党秋田県連政調会と意見交換する。この場で秋田側から「ルート変更も検討できる」の発言を引き出す。
12・7〜9　青森県議会で白神山地の問題に質疑が集中、「青秋林道は凍結」へと、大勢が傾く。

一九八八年

2・8　青森県の工藤俊雄農林部長と秋田県林務部幹部との話し合いが行われ、秋田県側も柔軟姿勢に転じる。

一九八九年
8・28　青森営林局、白神山地森林生態系保護地域設定委員会の初会合を開く。
8・31　秋田営林局、白神山地森林生態系保護地域設定委員会の初会合を開く。
一九九〇年
3・18　青森営林局が、白神山地森林生態系保護地域の最終設定案を発表する。入山禁止問題については灰色決着。
3・29　林野庁が、白神山地の森林生態系保護地域設定案を承認、青秋林道の打ち切りが確定する。
5・9　秋田営林局が、秋田県側の白神山地の周辺市町村に対し、白神の核心地域について、入山禁止の方針を伝える。
6・10　青秋林道に反対する連絡協議会の解散会が、弘前市で行われる。日本自然保護協会の沼田真会長が、白神山地を世界遺産に推薦する、と発表する。
一九九三年
12・9　世界遺産委員会が、白神山地の世界遺産登録を決定する。
一九九四年
5・5　白神山地NGO会議が発足する（鎌田孝一議長。後、白神NGOと改称）
8・30　青森営林局長が、青森県側の白神山地についても入山禁止の方針を表明する。
一九九五年
5・21　弘前大学の牧田肇教授が、青森県側の白神山地について、入山規制を盛り込んだ牧田私案を公表、関係機関に働き掛ける。
8・27　白神市民文化フォーラム（根深誠、村田孝嗣氏ら世話人五人）が発足する。

9・4　環境、文化、林野の三庁が、白神山地世界遺産地域管理計画骨子案を発表する。
9・11　世界遺産地域管理計画骨子案に関する地元の意見を聴く会が、青森県大鰐町で開かれる。
11・21　白神山地世界遺産地域管理計画が決定される。入山規制の必要性を強く指摘しつつ、実際の運用については具体策を示さず、先送りする。

一九九六年
9・6　追良瀬内水面漁協などが、青森営林局に対して追良瀬川上流の伐採禁止を求める。

一九九七年
3・9　世界遺産地域懇話会（秋田県側）が、白神山地の秋田側の核心地域について「原則入山禁止」を決定する。
3・29　世界遺産地域懇話会（青森県側）が、白神山地の青森側の核心地域について入山可能ルートを二八区間（当初）提示する。
6・30　世界遺産地域連絡会議が、秋田県側は「原則入山禁止」、青森県側は「指定ルート（二七区間）を設定した許可制入山」とする入山方式を決定。翌日から実施する。
11・12　白神市民文化フォーラムが、弘前市でシンポジウム「白神を未来へ」を開催。入山規制論を批判し、人と自然との共生、森の再生を市民に訴える。

一九九八年
4・17　白神山地管理計画の見直しを要請する署名運動を展開した吉川栄一氏らのグループが、三万二六〇〇余の署名簿を青森営林局に提出する。
6・30　白神地区内水面漁業協議会（黒滝喜久雄会長）が、世界遺産地域を流れる赤石川、追良瀬川など四河川について、二〇〇二年末まで全面禁漁することを明らかにする。翌日から実施。
10・24、25　東北自然保護のつどいが鶴岡市で開催され、入山規制派（牧田肇氏、奥村清明氏）と、規制反対派

（村田孝嗣氏、佐藤昌明＝筆者）が、初めて公開の場で討論を行う。日本自然保護協会保護部長の吉田正人氏も討論に参加。この結果、規制反対派が、会場参加者の大勢の支持を得る。

一九九九年

3・21　白神市民文化フォーラムが、弘前市でシンポジウムを開催。白神の入山方式を、許可制から届け出制に変更するなど九項目にまとめた提言を公表、管理計画の見直しを訴える。

6・26、27　日本山岳会創立百周年に向けた記念事業として、青森支部がブナ林再生事業に取り組み。会員らが白神山地の櫛石山周辺で、育樹場所を選ぶ現地調査を実施する。

9・11、12　東北自然保護のつどいが秋田県藤里町で開かれる。白神市民文化フォーラム世話人の村田孝嗣氏が、入山方式を許可制から届け出制に変更するなど、管理計画の見直しを求めた九項目の提言をアピールする。

9・23〜25　日本山岳会青森支部が、櫛石山付近でブナ林再生事業の第一回作業を行う。

二〇〇一年

1・19　日本山岳会の自然保護委員会に「高尾の森づくりの会」がつくられる。東京の高尾山の北部山系で、広葉樹の森の復元事業がスタートする。

二〇〇三年

7・1　白神山地の青森県側核心地域の入山方式が、許可制から届け出制に変更される。秋田県側は、従来通り原則入山禁止。

二〇〇四年

8・30　秋田県側の能代市と周辺六町村による法定合併協議会が、新市名を「白神市」と決定する。「白神市」の呼称に対し、青森県側は強く反発、秋田県内からも異論が続出する。

二〇〇五年

1・26　「白神市」の呼称問題が調整できず、能代市と周辺六町村の法定合併協議会が解散、合併問題は白紙に戻る。

6・24～26　日本山岳会が創立百周年記念事業として取り組んだブナ林再生事業の報告会が、青森県鰺ヶ沢町一ツ森の元小学校施設を利用して行われる。櫛石山で現地視察、記念植樹などを行う。

[著者略歴]

佐藤昌明（さとう・まさあき）

1955年、福島県生まれ。東北大学文学部日本思想史学科卒。河北新報（本社仙台市）記者。山を考えるジャーナリストの会会員。著書に『ルポ・東北の山と森』（緑風出版、共著）、『森を考える』（立風書房、共著）、『ブナの森とイヌワシの空』（はる書房、共著）、『仙台藩ものがたり』（河北新報、共著）

新《しん》・白神山地《しらかみさんち》——森《もり》は蘇《よみがえ》るか

2006年5月25日　初版第1刷発行　定価2300円＋税

著　者　佐藤昌明
発行者　高須次郎
発行所　緑風出版 ©
〒113-0033　東京都文京区本郷2-17-5　ツイン壱岐坂
[電話] 03-3812-9420　[FAX] 03-3812-7262
[E-mail] info@ryokufu.com
[郵便振替] 00100-9-30776
[URL] http://www.ryokufu.com/

装　幀　堀内朝彦
制　作　R 企 画　印　刷　モリモト印刷・巣鴨美術印刷
製　本　トキワ製本所　用　紙　大宝紙業　E1000

ISBN4-8461-0611-X　C0036

◎緑風出版の本

■全国どの書店でもご購入いただけます。
■店頭にない場合は、なるべく書店を通じてご注文ください。
■表示価格には消費税が加算されます。

セレクテッド・ドキュメンタリー
エイリアン・スピーシーズ
在来生態系を脅かす移入種たち
平田剛士著

四六判並製
二六八頁
2200円

自然分布している範囲外の地域に人が持ち込んだ種を移入種という。アライグマ、マングース、ブラックバスなどの移入種によって従来の生態系が影響をうけている。本書は北海道から沖縄まで移入種問題を追い、その対策を考える。

セレクテッド・ドキュメンタリー
ルポ・日本の川
石川徹也著

四六判並製
二二四頁
1900円

ダム開発で日本中の川という川が本来の豊かな流れを失い、破壊されて久しい。本書はジャーナリストの著者が全国の主なダム開発などに揺れた川、いまも揺れ続けている川を訪ね歩いた現場ルポ。清流は取り戻せるのか。

セレクテッド・ドキュメンタリー
地すべり災害と行政責任
長野・地附山地すべりと老人ホーム26人の死
内山卓郎著

四六判並製
二八八頁
2200円

八五年長野市郊外の地附山で、大規模な地滑りが特別養護老人ホームを襲い、二六名の死者がでた。行政側は自然災害、天災であると主張したが、裁判闘争によって行政の過失責任が明らかとなる。公共事業と災害を考える。

ルポ・東北の山と森
自然破壊の現場から
山を考えるジャーナリストの会編

四六判並製
三一七頁
2400円

いま東北地方は、大規模林道建設やリゾート開発の是非、イヌワシやブナ林の保護、世界遺産に登録された白神山地の自然保護のあり方をめぐって大きく揺れている。本書は東北各地で取材した第一線の新聞記者による現場報告！

環境を破壊する公共事業

『週刊金曜日』編集部編

四六判並製
二八八頁
2200円

構造的な利権誘導や、大規模な自然破壊、問い返されることのないその公共性などが問題となっている公共事業を、自然環境破壊の観点から総力取材。北海道から南西諸島まで全国各地の事例をレポートし、その見直しを訴える。

ザ・ラスト・グレート・フォレスト

カナダ亜寒帯林と日本の多国籍企業

イアン・アークハート、ラリー・プラット著／黒田洋一、河村洋訳

四六判上製
四七二頁
4500円

カナダ北西部に広がる世界最大・最後の亜寒帯林。パルプを確保するためこの大森林に目を付けた日本の多国籍企業は、大規模な森林伐採権を手に入れた。カナダ深部で繰り広げられる地球最後の大森林をめぐる、たたかいの記録。

ナショナル・トラストの軌跡

―1895〜1945年―

四元忠博著

A5判上製
二九六頁
3800円

自然保護運動で世界的に有名な英国のナショナル・トラスト。産業革命の進行と共に破壊される自然と歴史的建造物――それらを守る為に立ち上がった三人の先駆者、その揺籃期から制度の確立までの歴史を、現地調査を踏まえ、まとめた労作。

なぜダムはいらないのか

藤原　信著

四六版上製
二七二頁
2300円

次つぎと建設されるダム……。だが建設のための建設、土建業者のための建設といったダムがあまりに多い。本書は脱ダム宣言をした田中康夫長野県知事に請われ、住民の立場からダム政策を批判してきた研究者による、渾身の労作。

脱ダムから緑の国へ

藤田　恵　著

四六判並製
二二〇頁
1600円

ゆずの里として知られる徳島県の人口一八〇〇人の小さな山村、木頭村。国のダム計画に反対し、「ダムで栄えた村はない」、「ダムに頼らない村づくり」を掲げて、村ぐるみで遂に中止に追い込んだ前・木頭村長の奮闘記。